U0284890

人气料理
分分钟一学就会

杨桃美食编辑部 主编

江苏凤凰科学技术出版社

图书在版编目（CIP）数据

人气料理分分钟一学就会 / 杨桃美食编辑部主编
. -- 南京：江苏凤凰科学技术出版社，2015.10（2020.3 重印）
（食在好吃系列）
ISBN 978-7-5537-5284-6

Ⅰ. ①人… Ⅱ. ①杨… Ⅲ. ①食谱 Ⅳ.
① TS972.12

中国版本图书馆 CIP 数据核字 (2015) 第 201693 号

人气料理分分钟一学就会

主　　编	杨桃美食编辑部
责任编辑	葛　昀
责任监制	方　晨
出版发行	江苏凤凰科学技术出版社
出版社地址	南京市湖南路 1 号 A 楼，邮编：210009
出版社网址	http://www.pspress.cn
印　　刷	天津旭丰源印刷有限公司
开　　本	718mm × 1000mm　1/16
印　　张	10
插　　页	4
字　　数	250 000
版　　次	2015年10月第1版
印　　次	2020年3月第2次印刷
标准书号	ISBN 978-7-5537-5284-6
定　　价	29.80元

前言
PREFACE

你觉得下厨很难吗？本书精选的食谱，每一道都是简单又好吃的家常菜，让你能分分钟看懂并学会。只要按照书中的步骤和小叮咛自己DIY，你会发现做菜没有想象中的困难。

如果你对自己的厨艺缺乏信心，本书就是为你量身定制的。不需要多复杂的刀工、技法，你会发现很多家常菜，越简单越好吃，让你也能轻松成为家里的大厨。

＊ Tips:

固体：1大匙≈15克，1小匙≈5克。

液体：1大匙≈15毫升，1小匙≈5毫升。

书中所用油若无特别说明均为色拉油，不再赘述。

目 录
CONTENTS

PART 1
分分钟学会简单食材快炒菜

PART 2
分分钟学会无油烟酱料拌菜

PART 3
分分钟学会快速上桌面饭粥

PART 4
分分钟学会家常食材做汤品

PART 5
分分钟学会懒人电饭锅蒸煮菜

PART 1

分分钟学会 简单食材快炒菜

炒菜的香气一般来自用热油爆香的食材，主要有4大类：辛香料（葱、姜、蒜、辣椒）、特殊调料（豆瓣酱、辣椒酱、番茄酱、咖喱粉）、干货（干香菇、虾米、樱花虾）和绞肉，爆出香味后再放入主要食材，提味效果最佳。

古早肉臊

材料

猪绞肉	300克
紫洋葱	3个
蒜	5瓣
红辣椒	1个
葱	1根

调料

冰糖	1大匙
酱油	2小匙
鸡精	1小匙
香油	1小匙
盐	适量
白胡椒粉	适量

做法

1. 将紫洋葱、蒜、红辣椒和葱分别洗净沥干，切成碎末备用。
2. 热锅，加入少许油（材料外）烧热，放入猪绞肉以中火先爆香。
3. 然后加入紫洋葱末、蒜末、红辣椒末和葱末翻炒均匀，再加入所有调料以小火翻炒至汤汁略收即可。

炒肉臊时，适时加入一些冰糖翻炒，可以增加肉臊的外观色泽度，味道也更丰富。

蒜苗炒五花肉

材料
五花肉300克、蒜苗100克、红辣椒 1/2个

调料
盐1小匙、米酒1小匙

做法
❶ 将五花肉洗净，放入滚水锅内，以小火煮15分钟至熟后捞出，于表面抹上3/4小匙的盐，晾凉后切成0.4厘米厚的片状；将蒜苗、红辣椒洗净后，切片备用。
❷ 取锅烧热后转小火，放入腌好的五花肉炒至出油（若油多可铲出一些）。
❸ 将五花肉炒到表面略呈黄色，放入蒜苗片、红辣椒片，以及剩余的1/4小匙盐与米酒，以小火再炒 1 分钟即可。

酸菜炒肉丝

材料
酸菜300克、猪肉丝100克、姜20克、红辣椒2个

调料
酱油2大匙、细砂糖2大匙

做法
❶ 酸菜洗净、切丝；姜及红辣椒洗净切丝，备用。
❷ 热一锅，加入少许油（材料外），以小火爆香红辣椒丝及姜丝，加入猪肉丝炒至肉丝变白、松散，接着加入酱油，以小火炒至酱油收干。
❸ 然后于锅中加入酸菜丝及细砂糖，以中火翻炒约3分钟至水分完全收干即可。

青甜椒炒肉丝

材料

青甜椒100克、里脊肉150克、红辣椒10克、蒜10克

调料

盐1/2小匙、细砂糖1/2小匙、米酒1大匙、白胡椒粉少许

腌料

酱油、淀粉、米酒、香油各少许

做法

1. 青甜椒、里脊肉、红辣椒都洗净切丝；蒜洗净切片；里脊肉丝以腌料腌10分钟。
2. 锅烧热，放入2大匙油（材料外），趁冷油时放入里脊肉丝炒至变白，再放入蒜片和红辣椒丝炒至香气散出，然后加入所有调料炒匀，最后放入青甜椒丝炒至微软即可。

腊肠炒蒜苗

材料

肠120克、蒜苗片30克、蒜末10克、红辣椒片10克

调料

酱油1大匙、米酒1大匙、细砂糖1小匙

做法

1. 腊肠放入蒸锅中以大火蒸约5分钟，取出后切斜片状。
2. 热一炒锅，加入少许油（材料外），放入蒜苗片、蒜末、红辣椒片炒香，接着放入腊肠片与所有调料炒匀即可。

美味关键

腊肠先蒸过可以帮助定型，比较好切片，而且熟的腊肠与其他材料炒匀即可起锅。

杏鲍菇炒肉酱

材料

杏鲍菇	200克
猪绞肉	200克
洋葱	1/2个
葱（切末）	1根

调料

盐	少许
白胡椒粉	少许
酱油	1大匙
细砂糖	1小匙
香油	少许
水	适量

做法

❶ 杏鲍菇洗净、切小丁；洋葱洗净切碎，备用。

❷ 取炒锅，加入1大匙油（材料外）烧热，放入猪绞肉与杏鲍菇丁，以中火先炒香，再加入洋葱碎，以中火翻炒匀。

❸ 然后于锅中加入所有调料，烩炒至所有材料入味，且汤汁略收干，最后再加入葱花即可。

杏鲍菇较厚，本身不容易入味，所以在做这道菜时，要将杏鲍菇切成丁状。而绞肉易熟，一起烹调时才容易入味，口感也较好。

菜脯炒肉

材料

猪后腿肉150克、菜脯40克、蒜5瓣、葱1根、红辣椒10克

调料

酱油1大匙、细砂糖1小匙、米酒1大匙

做法

1. 猪后腿肉洗净切成厚片；菜脯洗净切条，备用。
2. 蒜洗净切片；葱洗净切段；红辣椒洗净切斜片，备用。
3. 锅烧热，加入少许油（材料外），放入蒜片、葱段、红辣椒片炒香。
4. 再加入猪后腿肉片和菜脯条炒香，最后再加入所有调料拌炒均匀即可。

腊肠炒小黄瓜

材料

腊肠5根、小黄瓜3根、蒜（切片）3瓣、红辣椒（切片）1个、上海青（切段）1棵

调料

鸡精1小匙、香油1小匙、盐少许、黑胡椒粉少许、水50毫升

做法

1. 腊肠洗净切片状，小黄瓜切片，备用。
2. 取锅，加入少许油（材料外）烧热，放入小黄瓜片、蒜片、红辣椒片、上海青段、腊肠片和少许水翻炒均匀。
3. 然后于锅中加入其余所有的调料快炒后，盖上锅盖焖至汤汁略收且小黄瓜熟软即可。

豆干炒肉丝

材料

猪肉丝	150克
豆干	6片
红辣椒	1/2个
葱	1根
蒜末	少许

调料

Ⓐ

水	30毫升
酱油	1小匙
细砂糖	1/4小匙
米酒	1小匙
盐	1/4小匙

Ⓑ

酱油	1小匙
淀粉	1/2小匙
米酒	1/2小匙
细砂糖	少许

做法

1. 将猪肉丝加入调料B中拌匀，静置10分钟；豆干和红辣椒洗净切片；葱洗净切段，备用。
2. 取锅烧热后，放入1大匙油（材料外），放入腌好的猪肉丝，以大火炒至肉色变白后盛出。
3. 然后于锅中放入豆干片，以小火炒至表面香脆，再放入蒜末、红辣椒片、葱段、肉丝及所有调料A，转大火快炒1分钟即可。

肉丝炒海龙

材料

海龙300克、猪肉丝50克、红辣椒片10克、姜丝5克、葱段10克

调料

酱油膏2大匙、细砂糖1大匙、米酒2大匙、白醋2小匙、香油1大匙

做法

1. 海龙洗净后切小段；热锅加入少许油（材料外），以小火爆香红辣椒片、姜丝及葱段。
2. 然后加入猪肉丝炒至肉丝变白松散，加入海龙段、酱油膏、细砂糖和米酒炒匀。
3. 炒至水分略收干后，加入白醋及香油炒匀即可。

美味关键

以酱油膏代替酱油，海龙才容易沾附调味酱汁。

蚂蚁上树

材料

猪绞肉100克、粉丝2捆、蒜30克、芹菜10克、葱花20克、胡萝卜丁10克

调料

辣椒酱1大匙、酱油1大匙、米酒1大匙、细砂糖1小匙、水400毫升

做法

1. 粉丝洗净，泡冷水至软；蒜洗净切末；芹菜洗净切末，备用。
2. 热锅，放入少许油（材料外），猪绞肉放入锅中以中火拌炒至肉色变白，加入葱花、蒜末、胡萝卜丁拌炒均匀后，再放入所有调料煮匀。
3. 将粉丝沥干，加入锅中，拌炒至水分略干，再撒入芹菜末即可。

打抛猪肉

材料

猪绞肉200克、洋葱1/2个、蒜3瓣、红辣椒2个、葱2根、生菜叶3片

调料

泰式打抛酱3大匙、盐少许、黑胡椒粉少许、细砂糖少许、米酒1大匙

做法

1. 将洋葱、蒜、红辣椒、葱都洗净切碎备用。
2. 生菜叶洗净，泡冰水备用。
3. 锅烧热，加入1大匙油（材料外），先加入猪绞肉以中火爆香，再加入洋葱、蒜、红辣椒、葱碎与调料一起翻炒均匀。
4. 起锅，将生菜叶当作容器，盛装打抛猪肉即可食用。

海带结烧肉

材料

海带结150克、五花肉200克、红辣椒1个、姜20克

调料

酱油3大匙、米酒2大匙、细砂糖1大匙、水400毫升、香油1小匙

做法

1. 五花肉洗净切小块；红辣椒洗净切小片；姜洗净切片备用。
2. 热锅加入少许油（材料外），小火爆香红辣椒片、姜片，加入五花肉块以中火炒至表面变白，加入酱油、米酒、细砂糖和水煮滚。
3. 盖上锅盖，转小火焖煮约20分钟，加入海带结后继续焖煮约15分钟，至汤汁收干，再洒上香油炒匀即可起锅。

沙茶酱爆猪肝

材料

猪肝	150克
红辣椒片	1个
姜末	5克
葱段	50克

调料

Ⓐ

米酒	1大匙
淀粉	1小匙

Ⓑ

沙茶酱	2大匙
盐	1/4小匙
细砂糖	1/2小匙
米酒	2大匙
香油	1小匙

做法

1. 猪肝洗净沥干，切成厚约0.5厘米的片状，用调料A抓匀腌渍约2分钟。
2. 热锅，倒入4大匙油（材料外），放入猪肝片大火快炒至表面变白后，捞起沥油备用。
3. 锅底留少许油，以小火爆香葱段、姜末及红辣椒片，加入沙茶酱炒香后，放入猪肝片快速翻炒，最后加入盐、细砂糖和米酒炒约30秒至汤汁收干，再淋上香油即可。

香油腰花

材料

猪腰300克、老姜片50克、枸杞子10克、葱段20克

调料

香油4大匙、酱油1大匙、米酒4大匙

做法

1. 枸杞子用冷水泡软后捞出；猪腰洗净后划十字刀花，再切成块状，加入2大匙米酒浸泡腌约10分钟，备用。
2. 冷锅加入香油，加入老姜片炒香，再加入猪腰炒至熟，起锅前加入其余调料与枸杞子、葱段炒匀即可。

美味关键

猪腰的内膜一定要先刮除干净，并用流动的水冲约5分钟，切花后再泡水约10分钟方可去除腥味。

青甜椒炒嫩鸡

材料

鸡胸肉1片、葱（切段）1根、青甜椒（切片）1/2个、红辣椒（切片）1/2个、蒜（切片）2瓣

调料

鸡精1小匙、盐少许、黑胡椒粉少许、淀粉1大匙

做法

1. 鸡胸肉洗净切小片状，再将鸡胸肉拍上薄薄的淀粉。
2. 煮一锅约60℃的热水，将鸡胸肉放入其中汆烫约1分钟，即可捞起备用。
3. 起锅，加入少许油（材料外）烧热，加入葱段、青甜椒片、红辣椒片和蒜片爆香，放入汆烫好的鸡胸肉片和其余所有调料以中火翻炒均匀即可。

三杯鸡

材料

土鸡	300克
蒜末	30克
姜片	30克
红辣椒块	10克
罗勒	5克

调料

盐	2小匙
细砂糖	2/3大匙
白胡椒粉	1大匙
香油	2/3大匙

做法

1. 土鸡洗净剁成块，放入锅中，加入适量油（材料外），以中火炒香后捞起备用。
2. 然后将蒜末、姜片、红辣椒块放入锅中以中小火炒香，再放入炒好的土鸡块、所有调料，转中火翻炒均匀，盖上锅盖焖煮至汤汁略收干。
3. 起锅前加入罗勒，再以大火收汁即可。

美味关键

用炒菜锅做三杯鸡时，放罗勒后一定要将出水的汤汁收干，让罗勒的香气完全散发入味；用砂锅烹煮也一样，盖上砂锅盖时，要待汤汁收干才可熄火。

香菇炒嫩鸡片

材料

鲜香菇	5朵
鸡胸肉	1片
蒜	2瓣
红辣椒	1个
葱	2根

调料

盐	少许
白胡椒粉	少许
香油	1小匙

腌料

淀粉	1小匙
香油	1小匙
盐	少许
白胡椒粉	少许
米酒	1小匙

做法

1. 先将鲜香菇去蒂洗净，再切成片状；蒜、红辣椒、葱都洗净切成片状，备用。
2. 鸡胸肉去骨洗净切小片状，放入腌料一起抓拌均匀，再放入滚水中汆烫过水，备用。
3. 取一只炒锅，先加入1大匙油（材料外）烧热，加入鲜香菇、蒜片、红辣椒、葱，以中火先爆香，再加入所有调料一起翻炒均匀，炒至汤汁略收即可。

苹果鸡丁

材料

鸡胸肉	150克
苹果丁	80克
红甜椒片	50克
葱段	20克
姜末	10克
蛋清	1大匙

调料

A

淀粉	1小匙
盐	1/8小匙

B

甜辣酱	2大匙
米酒	1小匙
水淀粉	1小匙
香油	1小匙

做法

1. 鸡胸肉洗净切丁后，用调料A和蛋清抓匀，腌渍约2分钟，备用。
2. 热锅，加入约2大匙油（材料外），放入鸡丁大火快炒约1分钟，至八分熟时盛出。
3. 洗净锅后，热锅，加入1大匙油（材料外），以小火爆香葱段、姜末及红甜椒片，再加入甜辣酱、米酒及鸡丁炒匀。
4. 最后再加入苹果丁，用大火快炒5秒后，加入水淀粉勾芡，淋上香油即可。

鸡柳黑椒洋葱

材料

鸡柳150克、洋葱1/3个、蒜2瓣、红辣椒1个、葱1根、奶油1小匙

调料

黑胡椒粉少许、盐少许、水适量

腌料

淀粉1小匙、香油1小匙、盐少许、白胡椒粉少许

做法

1. 鸡柳洗净切小段状，再放入所有腌料腌渍约10分钟备用。
2. 将洋葱洗净切丝；蒜与红辣椒洗净切片；葱洗净切小段备用。
3. 锅烧热，加入1大匙油（材料外），再加入洋葱丝、蒜、红辣椒片、葱段，以中火先爆香，再加入腌渍好的鸡柳条翻炒均匀。
4. 最后加入奶油和所有调料炒匀即可。

韩式泡菜牛肉

材料

韩式泡菜100克、肥牛肉100克、蒜苗40克、姜末10克

调料

辣椒酱1大匙、酱油1小匙、细砂糖1小匙

做法

1. 韩式泡菜、蒜苗洗净切小片；肥牛肉洗净切薄片，备用。
2. 热一锅，加入2大匙油（材料外），放入牛肉片及姜末以小火炒至牛肉散开变白。
3. 在锅中加入辣椒酱炒香，接着加入韩式泡菜、蒜苗及酱油、细砂糖，以大火翻炒约2分钟至汤汁收干即可。

咸蛋炒鸡粒

材料

咸蛋	2个
鸡胸肉	1片
葱	1根
蒜	3瓣
红辣椒	1个

调料

白胡椒粉	少许
香油	少许
细砂糖	少许
辣豆瓣	1小匙

腌料

淀粉	1大匙
香油	1小匙

做法

❶ 鸡胸肉去皮洗净，切小丁，放入腌料中腌渍约10分钟，备用。

❷ 咸蛋去壳，切小丁；葱洗净切葱花；蒜和红辣椒洗净切片，备用。

❸ 取一炒锅，加入1大匙油（材料外），再加入鸡胸肉丁，以中火爆香。

❹ 然后加入咸蛋、葱花、蒜片、红辣椒片爆香，再加入所有调料，翻炒均匀至入味即可。

葱爆牛肉

材料

牛肉150克、葱2根、姜20克、红辣椒1个

调料

蚝油1小匙、盐1/2小匙、米酒1大匙、细砂糖1小匙、香油1大匙

腌料

酱油1小匙、胡椒粉1/2小匙、水1大匙

做法

1. 牛肉洗净切片，加入腌料抓匀，腌渍约10分钟后再过油沥干；葱洗净切段；姜、红辣椒洗净切片，备用。
2. 热锅，加入适量油（材料外），放入葱段、姜片、红辣椒片以大火炒香，再加入牛肉片及所有调料快炒均匀即可。

滑蛋牛肉片

材料

牛肉330克、姜片5克、红辣椒（切片）1个、洋葱（切丝）1/2个、葱（切段）1根、蒜（切片）3瓣、淀粉3大匙

调料

鸡蛋液适量、香油1小匙、沙茶酱1小匙

做法

1. 牛肉略冲水沥干，切成片状，再拍上薄薄的淀粉。
2. 煮一锅约70℃的热水，将牛肉片放入略汆烫，捞起备用。
3. 另取锅，加入少许油（材料外）烧热，放入姜片、红辣椒片、洋葱丝、葱段、蒜片和牛肉片翻炒均匀后，加入沙茶酱快炒后，再淋入鸡蛋液和香油即可。

姜丝香油羊肉片

材料

羊肉片150克、姜60克、罗勒适量

调料

香油2大匙、米酒2大匙、酱油1大匙

做法

1. 姜洗净切丝；罗勒摘除老梗洗净，备用。
2. 热锅，倒入香油，放入姜丝小火爆香。
3. 于锅中放入羊肉片及其余调料，以大火炒2分钟至熟，最后加入罗勒炒匀即可。

美味关键

香油要使用芝麻油才对味，且姜丝一定要爆过才会香，老姜较辣且味道浓郁，嫩姜则不那么呛辣，可以依照个人喜好来选择。

油菜炒羊肉片

材料

羊肉片220克、油菜段200克、蒜末10克、姜丝15克、红辣椒片10克、香油2大匙

调料

盐1/4小匙、鸡精1/4小匙、酱油少许、米酒1大匙

做法

1. 油菜段放入沸水中汆烫一下捞出，备用。
2. 热锅，加入香油，以小火爆香蒜末、姜丝、红辣椒片，再放入羊肉片拌炒至变色。
3. 接着加入所有调料炒匀，最后放入油菜段大火拌炒30秒钟即可。

美味关键

油菜先烫熟，最后再下锅炒，颜色可以不变黄。

羊肉炒青辣椒

材料

火锅羊肉片1盒、青辣椒150克、红辣椒1个、豆豉1小匙、蒜2瓣、鸡高汤2大匙

调料

盐少许、细砂糖1/2小匙、米酒1大匙、香油适量

腌料

酱油少许、米酒1小匙、淀粉1小匙

做法

1. 火锅羊肉片加入腌料抓匀略腌备用。
2. 豆豉洗净泡水；蒜洗净切碎；青辣椒洗净切段、红辣椒洗净切片，备用。
3. 热锅，加入1大匙油（材料外）烧热，放入豆豉、蒜碎爆香后，再放入羊肉片略炒，加入青辣椒段、红辣椒片、鸡高汤和除香油外的调料，以大火炒至羊肉全熟，最后淋上香油即可。

宫保圆白菜

材料

圆白菜300克、干红辣椒10克、花椒5克、蒜末10克、蒜味花生适量

调料

盐少许、鸡精少许

做法

1. 圆白菜洗净切片备用。
2. 热锅，倒入适量的油（材料外），放入干红辣椒、花椒、蒜末爆香。
3. 加入圆白菜片拌炒均匀，再加入蒜味花生及所有调料拌匀即可。

美味关键

干红辣椒、花椒、蒜末一定要先爆炒过才香。

虾酱空心菜

材料

空心菜　500克
蒜　2瓣
红辣椒　1个

调料

虾酱　1小匙
味精　1/4小匙
水　1大匙

做法

1. 空心菜切小段后，洗净沥干备用。
2. 蒜洗净切碎；红辣椒洗净切片，备用。
3. 热锅，倒入2大匙油（材料外），以小火爆香红辣椒片、蒜碎及虾酱。
4. 放入空心菜，加入味精及水后快炒至空心菜变软即可。

美味关键

虾酱是以鲜虾发酵制成，有浓郁的腥臭味，但经过高温爆炒后就会转成香浓的风味，因此虾酱事先经过爆香，就可以让虾酱变香而不臭，千万别直接与调料、空心菜一起炒，这样温度上不来，炒完后还是会留有些许腥味的。

香菇烩芥蓝

材料

芥蓝400克、鲜香菇（切片）5朵、蒜（切片）2瓣、红辣椒（切片）1/2个、胡萝卜（切片）10克

调料

香菇鸡精1小匙、香油1小匙、盐少许、白胡椒粉少许、蚝油1大匙

做法

1. 芥蓝洗净沥干，再将老叶部分修剪掉备用。
2. 将芥蓝放入加了少许油和盐（材料外）的滚水中略汆后，捞起沥干盛盘。
3. 起锅，加入少许油（材料外）烧热，加入鲜香菇片、蒜片、红辣椒片和胡萝卜片以中火翻炒后，加入所有的调料炒匀后，淋至芥蓝上即可。

咸蛋苦瓜

材料

苦瓜450克、蒜（切末）6瓣、红辣椒（切末）1/3个、熟咸蛋 2个

调料

盐1/2小匙、细砂糖1小匙

做法

1. 苦瓜洗净剖开去籽，切薄片，放入滚水中汆烫捞起备用。
2. 熟咸蛋去壳切丁备用。
3. 锅烧热，放入少许油（材料外），加入蒜末、红辣椒末和咸蛋丁爆香。
4. 再加入苦瓜片炒匀，最后再加入所有调料拌炒均匀即可。可用香菜叶装饰。

蛤蜊丝瓜

材料
丝瓜350克、蛤蜊80克、葱1根、姜10克

调料
盐1/2小匙、细砂糖1/4小匙

做法
1. 丝瓜去皮、去籽洗净切成菱形块，放入油锅中过油（材料外），捞起沥干备用。
2. 葱洗净切段；姜洗净切丝；蛤蜊泡盐水吐沙，洗净备用。
3. 热锅倒入适量油（材料外），放入葱段、姜丝爆香，再加入丝瓜块及蛤蜊以中火拌炒均匀，盖上锅盖焖煮至蛤蜊打开，再加入所有调料拌匀即可。

雪里红炒豆干丁

材料
雪里红220克、豆干160克、红辣椒10克、姜10克、葵花籽油2大匙

调料
盐1/4小匙、细砂糖少许、香菇粉少许

做法
1. 雪里红洗净切丝；豆干洗净切丁，备用。
2. 红辣椒洗净切细段；姜洗净切末，备用。
3. 热锅倒入葵花籽油，爆香姜末，放入红辣椒段、豆干丁拌炒至微干。
4. 于锅中放入雪里红和所有调料炒至入味即可盛盘。

美味关键

豆干在锅中炒至无水分，香气和口感都更好。

虾米瓠瓜

材料
瓠瓜1/2个、虾米50克、蒜末40克

调料
盐1大匙、细砂糖1小匙、料酒1大匙、水500毫升

做法
1. 将瓠瓜去皮洗净，切成条状。
2. 起一炒锅，倒入少许油（材料外）烧热，放入蒜末、虾米炒香。
3. 然后加入瓠瓜条及所有调料，拌炒均匀，盖上锅盖焖一下，至瓠瓜软熟即可。

切瓠瓜条时每一条最好都带有少许深绿色的瓜肉，这样炒熟后形状才能完整不糊烂。

西红柿炒菠菜

材料
菠菜300克、西红柿80克、蒜片15克

调料
盐1/4小匙、鸡精少许、细砂糖少许

做法
1. 菠菜洗净切段；西红柿洗净切瓣，备用。
2. 将菠菜段放入滚水中汆烫一下，立刻捞出沥干备用。
3. 热锅，倒入适量的油（材料外），放入蒜片爆香，再放入西红柿瓣炒匀。
4. 再加入菠菜段、所有调料炒匀即可。

炒茭白笋

材料

茭白笋200克、猪绞肉50克、蒜末10克、红辣椒片10克

调料

盐1大匙、细砂糖1小匙、水100毫升

做法

1. 茭白笋洗净切滚刀块，备用。
2. 热一炒锅，加入少许油（材料外），放入蒜末、红辣椒片炒香，接着放入猪绞肉、茭白笋块与所有调料炒熟即可。

枸杞子炒三七叶

材料

三七叶300克、姜丝50克、枸杞子10克

调料

香油2大匙、盐1/2小匙、米酒1大匙

做法

1. 三七叶摘除叶梗留嫩叶后，洗净沥干；枸杞子加入米酒中浸泡，备用。
2. 热锅，加入香油及姜丝，以小火微爆香姜丝后，加入三七叶及泡酒的枸杞子（连酒）。
3. 炒匀后加入盐调味炒匀即可。

美味关键

三七叶有浓郁特殊的味道，将枸杞子以米酒泡过，再加入一起炒，泡枸杞子的米酒能增添三七叶的滋味。此外爆香姜丝时改以香油，炒起来更香更有味。

虾米香菇白菜

材料

大白菜	400克
干香菇	3朵
虾米	30克
蒜末	10克
高汤	150毫升

调料

盐	1/2小匙
鸡精	1/4小匙
细砂糖	1/4小匙
香油	1小匙
水淀粉	少许

美味关键

白菜梗有着特殊的清脆口感与甘甜味，最重要的是白菜的梗富有相当多的膳食纤维，对人体有益。

做法

1. 大白菜洗净后切片；干香菇泡软后洗净切丝；虾米洗净，泡水约5分钟备用。
2. 热锅，加入2大匙油（材料外）烧热，放入蒜末爆香，加入香菇丝和虾米一起炒香后，放入大白菜片炒至微软，再倒入高汤煮软后加入调料（香油和水淀粉除外）拌炒。
3. 将水淀粉倒入锅中勾芡，再淋入香油即可。

竹笋炒肉丝

材料

竹笋	200克
猪肉丝	200克
葱（切末）	1根
蒜（切末）	2瓣
红辣椒（切末）	1/2个

调料

辣豆瓣酱	2大匙
酱油	1小匙
细砂糖	1小匙

做法

1. 竹笋洗净切丝状，放入滚水中略氽烫后，捞起沥干。
2. 起锅，加入少许油（材料外）烧热，再放入猪肉丝、葱末、蒜末和红辣椒末爆香。
3. 于锅中加入竹笋丝和所有的调料一起翻炒均匀即可。

竹笋先放入滚水中氽烫，可去除苦涩味。做凉拌料理的竹笋需要整只完整地放入滚水中煮，其他做法的笋可先切片或切丝后，再放入滚水中氽烫，这样可减少氽烫的时间。

三杯杏鲍菇

材料

杏鲍菇	200克
姜	1小块
蒜	3瓣
罗勒	1小把
红辣椒	1个

调料

酱油膏	1大匙
细砂糖	1小匙
水	适量
香油	1大匙

做法

1. 将杏鲍菇的蒂头洗净、切块；姜洗净切片；蒜洗净；红辣椒洗净切片，备用。
2. 取一只炒锅，倒入香油，先加入姜片以中火把姜片煸香。
3. 加入杏鲍菇块与蒜炒香，放入红辣椒片与所有调料，以中火翻炒均匀。
4. 以中火略煮至收汁，再加入洗净的罗勒，稍微烩煮一下即可。

香辣草菇

材料

草菇150克、香菜30克、姜丝10克、红辣椒丝10克

调料

蚝油1/2大匙、米酒1大匙、细砂糖1/2小匙、香油1大匙

做法

1. 香菜洗净切段；草菇洗净后蒂头划十字，备用。
2. 热锅，倒入香油，加入姜丝、红辣椒丝炒香，再放入草菇煎至上色。
3. 加入其余所有调料拌炒入味，起锅前加入香菜段炒匀即可。

美味关键

草菇因为蒂头较厚，在烹调前最好在蒂头处划十字，这样可以平均草菇两端的加热速度，也更易入味。

银鱼苋菜

材料

苋菜1把（约250克）、银鱼50克、蒜20克

调料

盐1小匙、细砂糖1/2小匙、胡椒粉适量、酒1大匙、水500毫升

做法

1. 苋菜洗净切段；蒜洗净切片。
2. 锅烧热，加入少许油（材料外），爆香蒜片，再放入500毫升水煮滚。
3. 再放入苋菜段和银鱼煮2分钟，煮至苋菜软化，加入其余所有调料拌匀即可。

苋菜纤维质较硬，加多量水煮至软烂才好吃。

滑蛋蕨菜

材料

蕨菜 500克
蒜末 20克
蛋黄 1个

调料

盐 1/2小匙
米酒 2大匙
水 50毫升

做法

1. 将蕨菜粗梗摘除，嫩叶部分折成小段后洗净，沥干备用。
2. 热锅，倒入2大匙油（材料外），以小火爆香蒜末后，放入蕨菜及所有调料。
3. 拌炒至蕨菜变软后，盛起沥干水分装盘。
4. 将蛋黄放在蕨菜上，食用时趁热拌匀即可。

美味关键

蕨菜吃起来会刮舌，口感不是那么滑嫩，先得摘除中间的硬梗，并在蕨菜炒好后在上面打上一颗生蛋黄后趁热拌匀，这样吃起来才会口感滑嫩。

猪绞肉炒韭菜花

材料

韭菜花100克、猪绞肉150克、豆豉10克、红辣椒1个、蒜4瓣

调料

酱油1大匙、细砂糖1小匙、米酒1大匙、五香粉1/2小匙

做法

1. 猪绞肉入锅炒干；红辣椒、蒜洗净切碎，备用。
2. 热锅，加入适量油（材料外），放入蒜碎、红辣椒碎、豆豉以中小火炒香，再加入猪绞肉及所有调料转中火炒匀。
3. 起锅前加入切小段的韭菜花，以大火拌炒30秒即可。

葱爆香菇

材料

鲜香菇150克、葱 100克

调料

甜面酱1小匙、酱油1/2大匙、蚝油1大匙、味醂1大匙、水1大匙

做法

1. 鲜香菇洗净，表面划刀，切块状；葱洗净切5厘米长段；所有调料混合均匀备用。
2. 热锅，倒入适量的油（材料外），放入鲜香菇煎至表面上色后取出，再放入葱段炒香后取出，备用。
3. 锅中倒入混合调料煮沸，再放入香菇充分炒至入味，再放入葱段炒匀即可。

辣炒脆土豆

材料

土豆100克、干红辣椒10克、青甜椒5克、花椒2克

调料

盐1小匙、细砂糖1/2小匙、鸡精1/2小匙、白醋1小匙、黑胡椒粉适量

做法

1. 土豆去皮洗净切丝；青甜椒洗净去籽切丝，备用。
2. 热锅，倒入适量的油（材料外），放入花椒爆香后，捞除花椒，再放入干红辣椒炒香。
3. 放入土豆、青甜椒翻炒，再加入所有调料炒匀即可。

美味关键

这道菜就是要吃土豆的脆度，因此土豆千万别炒太久，以免吃起来口感太过松软。

香辣金针菇

材料

金针菇1把、蒜2瓣、红辣椒1个、葱（切丝）1根

调料

辣油1大匙、香油1小匙、细砂糖1小匙、辣豆瓣1小匙

做法

1. 金针菇洗净后切除蒂头；蒜洗净切碎；红辣椒洗净切丝，备用。
2. 取一只炒锅，先加入香油，放入蒜碎、红辣椒和葱丝以中火先爆香。
3. 再加入金针菇和其余调料，以中火煮至汤汁略收即可。

蒜香奶油南瓜

材料

南瓜600克、奶油30克、蒜末2小匙

调料

盐1小匙、细砂糖1/4小匙、水50毫升

做法

1. 南瓜洗净外皮，带皮切成1.5厘米的四方片。
2. 取平底锅，放入奶油以小火加热至融化，放入南瓜片，平铺在锅中，以小火煎2分钟至软。
3. 将南瓜翻面，加入蒜末，续煎90秒。
4. 再加入调料，以中火轻轻炒匀即可。

豆干炒毛豆仁

材料

毛豆仁300克、五香豆干5块、红辣椒末1/2小匙、油2大匙

调料

盐1小匙、细砂糖1/4小匙、鸡精1/2小匙

做法

1. 五香豆干切四方丁备用。
2. 毛豆仁洗净，放入滚水中，汆烫捞起备用。
3. 锅烧热，倒入2大匙油（材料外），放入红辣椒末爆香，加入豆干丁炒至焦黄，再放入毛豆仁续炒，最后再加入所有的调料，以中火拌均匀即可。

腊肉炒荷兰豆

材料

荷兰豆300克、腊肉100克、蒜末1/2小匙、红辣椒（切片）50克

调料

蚝油1小匙、盐1/8小匙、细砂糖1/4小匙

做法

1. 荷兰豆摘去老丝，洗净备用。
2. 腊肉切成片状，放入热水中泡约3分钟，洗去咸味。
3. 锅烧热，倒入1大匙油（材料外），放入蒜末爆香，加入腊肉片炒至表面微焦。
4. 再加入荷兰豆、所有的调料和红辣椒片，以中火拌均匀即可。

虾酱炒四季豆

材料

四季豆300克、红辣椒末 1/4小匙、蒜末1/4小匙

调料

虾酱1/2大匙、细砂糖1/2大匙、米酒1大匙

做法

1. 四季豆洗净，撕除老筋后切段，放入滚水中汆烫至变色，捞出沥干水分备用。
2. 热锅倒入适量油（材料外）烧热，放入红辣椒末、蒜末以小火炒出香味，再依序加入所有调料和四季豆段，改用大火拌炒均匀即可。

甜豆炒甜椒

材料
甜豆150克、蒜片10克、红甜椒60克、黄甜椒60克

调料
盐1/4小匙、鸡精少许、米酒1大匙

做法
1. 甜豆去除头尾及两侧粗丝洗净；红甜椒、黄甜椒去籽洗净切条状，备用。
2. 热锅，倒入适量的油（材料外），放入蒜片爆香。
3. 加入甜豆炒1分钟，再放入红甜椒、黄甜椒条炒匀，再加入所有调料拌炒均匀即可。

美味关键
甜椒可生食，起锅前放入略拌即可。

菠萝炒黑木耳

材料
菠萝100克、黑木耳30克、胡萝卜10克、葱（切段）1根、姜片10克、红辣椒（切片）1/2个

调料
盐1小匙、细砂糖 1/2小匙

做法
1. 菠萝去皮切片；胡萝卜洗净切菱形片；黑木耳洗净切片，备用。
2. 锅烧热，放入少许油（材料外），加入葱段、姜片和红辣椒片爆香。
3. 再加入菠萝片、胡萝卜片、黑木耳和所有调料炒匀即可。

美味关键
菠萝的酸香滋味搭配黑木耳，酸酸甜甜，夏天食用开胃又养颜。

椒盐茄子

材料

Ⓐ 茄子3条、油3大匙

Ⓑ 蒜末1小匙、葱花1大匙、红辣椒末1/2小匙

调料

盐1/2小匙、鸡精1/4小匙、白胡椒粉1/4小匙

做法

1. 茄子去皮切长条备用。
2. 锅烧热，倒入3大匙油，放入茄子条，平铺在锅中，以中小火煎至软。
3. 放入材料B的所有辛香料炒2分钟。
4. 最后加入所有调料炒匀即可。

茄子的硬皮口感不好，有涩味、易变黑，所以一般都是用油炸来处理，自己在家做若不喜欢油炸，可以去皮之后再来煎炒，这样口感就好多了。

芝麻炒牛蒡丝

材料

牛蒡200克、胡萝卜适量、姜10克、熟白芝麻少许、葵花籽油 2大匙

调料

陈醋1小匙、盐1/4小匙、细砂糖1/4小匙、白醋少许

做法

1. 胡萝卜洗净去皮切丝；姜洗净切末；牛蒡洗净去皮切丝，放入醋水中浸泡，使用前捞出沥干水分，备用。
2. 热锅倒入葵花籽油，爆香姜末，放入牛蒡丝、胡萝卜丝略拌。
3. 于锅中放入所有调料快速拌炒至入味，再撒上熟白芝麻拌匀即可。

辣炒脆黄瓜

材料

小黄瓜250克、蒜2瓣、橄榄油1小匙

调料

韩式辣椒酱1大匙、水2大匙、细砂糖1/2小匙、盐1/4小匙

做法

1. 小黄瓜洗净切段；蒜洗净切片。
2. 取一不粘锅，放橄榄油烧热后，爆香蒜片。
3. 放入小黄瓜及所有调料拌炒均匀即可盛盘食用。

将小黄瓜下锅快炒，和调料拌匀便立即起锅，才能保持其清脆的口感。

蛋松

材料

鸡蛋 4个、无盐奶油3大匙

调料

盐 1/4小匙

做法

1. 鸡蛋打散，加入盐后拌匀备用。
2. 热锅后加入无盐奶油至完全融化。
3. 快速倒入蛋液，开中火以锅铲一边炒一边快速拌炒，炒至蛋液凝固松散即可盛盘。

美味关键

炒蛋时，火不要开太大，搅拌的速度要快，才能炒出松散又不老的蛋。

菜脯蛋

材料

菜脯	50克
胡萝卜	20克
葱	2根
虾米	5克
罗勒	2根
鸡蛋	5个

调料

鸡精	1小匙
白胡椒粉	1小匙
香油	1小匙

做法

1. 将已泡水20分钟的菜脯和泡水10分钟的虾米切碎；葱洗净切碎；胡萝卜去皮洗净切丝；罗勒洗净备用。
2. 所有的调料拌匀，再将鸡蛋打散入容器中，加入菜脯碎、虾米碎、葱碎、胡萝卜丝和罗勒，一起搅拌均匀备用。
3. 取平底锅，加入1大匙油（材料外）烧热，再倒入搅拌均匀的蛋液，以小火将两面煎熟即可。

倒入锅中的蛋液若产生气泡，可先将气泡刺破，这样可让蛋更容易熟透。

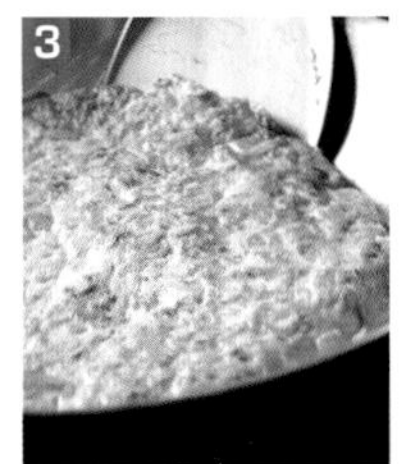

腐乳炒蛋

材料

鸡蛋 3个、豆腐乳30克、香菜末 5克、葱花20克、蒜末15克、油3大匙

调料

细砂糖 1/2小匙

做法

1. 豆腐乳用汤匙压碎，加入鸡蛋打散，再加入香菜末、葱花、蒜末以及细砂糖打匀成蛋液备用。
2. 热锅，加入油烧热，转至中火倒入蛋液拌炒至蛋液凝固即可。

韭菜煎蛋

材料

韭菜60克、鸡蛋4个、葱1根

调料

盐1小匙

做法

1. 韭菜洗净切碎；葱洗净切末，备用。
2. 鸡蛋打入碗中打散备用。
3. 将韭菜碎、葱末加入蛋液中，加入盐打匀。
4. 锅烧热，放入适量油（材料外），加入韭菜蛋液，煎至两面呈金黄色即可。

美味关键

用炒菜锅煎蛋，蛋液倒入后将锅轻轻晃动，可让蛋液的厚度均匀一致。

洋葱玉米滑蛋

材料

鸡蛋3个、洋葱10克、胡萝卜5克、玉米粒15克、葱1/2根

调料

盐1小匙、鸡精1/2小匙、水淀粉1小匙

做法

1. 鸡蛋打散成蛋液；洋葱、胡萝卜去皮洗净切丝；葱洗净切成葱花，备用。
2. 将洋葱丝、胡萝卜丝、葱花加入蛋液中，再加入玉米粒、所有调料拌匀。
3. 热锅，倒入适量的油（材料外），倒入蛋液，以中小火煎至成型但表面仍呈滑嫩状，立刻起锅即可。

洋葱炒蛋

材料

鸡蛋 4个、洋葱丝60克、胡萝卜丝10克

调料

盐 1小匙

做法

1. 鸡蛋打入碗中，放入盐打散。
2. 热锅，加1大匙油（材料外）烧热，放入洋葱丝、胡萝卜丝炒至洋葱变透明且软化，盛起备用。
3. 锅中放入2大匙油（材料外）烧热，放入蛋液快速拌炒至半熟，熄火再加入炒好的洋葱丝和胡萝卜丝炒匀即可。

西红柿炒蛋

材料

鸡蛋5个、西红柿3个、葱40克、高汤50毫升

调料

番茄酱3大匙、细砂糖1大匙、盐1/4小匙、水淀粉1大匙

做法

1. 西红柿汆烫去皮，切小块；葱洗净切小段；鸡蛋加入盐打匀。
2. 热锅加入少许油（材料外），以小火爆香葱段、西红柿块，加入番茄酱、高汤、盐和细砂糖煮开，用水淀粉勾芡后盛出。
3. 另热锅加入2大匙油（材料外），倒入蛋液快速炒匀至稍凝固，放入炒好的西红柿块拌炒均匀即可。

胡萝卜炒蛋

材料

鸡蛋3个、胡萝卜150克、蒜3瓣、红辣椒1/2个、葱1根

调料

盐少许、白胡椒粉少许、香油1小匙、细砂糖少许、米酒1小匙

做法

1. 鸡蛋洗干净，打入碗中备用。
2. 胡萝卜洗净切丝；蒜、红辣椒和葱洗净，切碎备用。
3. 取容器，放入蛋液、胡萝卜丝、蒜末、红辣椒碎、葱碎和所有调料，再用打蛋器搅拌均匀。
4. 取炒锅，先加入1大匙油（材料外），再放入搅拌好的蛋液，以中小火炒散至熟即可。

辣椒丝炒蛋

材料

鸡蛋3个、青辣椒25克、红辣椒25克

调料

盐 1/8小匙、酱油 1大匙

做法

1. 青辣椒和红辣椒均洗净，切开去籽后切丝，加入鸡蛋和所有调料一起打匀成蛋液备用。
2. 热锅，加入2大匙油（材料外）烧热，倒入蛋液，转至中火翻炒至蛋液凝固即可。

松子仁翡翠

材料

鸡蛋（取蛋清）5个、菠菜叶90克、水100毫升、松子仁10克

调料

绍兴酒1/2小匙、淀粉1大匙、盐1/4小匙、白胡椒粉1/6小匙

做法

1. 菠菜叶洗净沥干水分，与材料中的水一起用果汁机打成汁后滤除纤维，取菠菜汁备用。
2. 将蛋清、菠菜汁及所有调料拌匀成蛋液备用。
3. 热锅，加入2大匙油（材料外）烧热，转至小火将蛋液倒入锅中，顺同一方向不停翻炒至蛋液凝固后即可盛盘，再撒上松子仁即可。

甜椒炒蛋

材料

鸡蛋5个、红甜椒丁40克、青甜椒丁40克、洋葱丁20克

调料

甜辣酱2大匙、水淀粉1大匙

做法

1. 鸡蛋打散后加水淀粉拌匀，备用。
2. 热锅，加入1大匙油（材料外），放入洋葱丁、红甜椒丁和青甜椒丁，炒至洋葱微软后，全部盛入容器中和蛋液混合拌匀。
3. 锅洗净后，热锅，加入2大匙油（材料外），放入以上蛋液材料，以中火快速翻炒至蛋略凝固后，加入甜辣酱拌炒至蛋凝固成形即可。

红烧豆腐

材料

板豆腐2块、干香菇2朵、胡萝卜丝25克、葱段20克、上海青适量

调料

酱油1大匙、细砂糖1/2小匙、鸡精少许、盐少许、水180毫升

做法

1. 泡软的干香菇洗净切丝；板豆腐切厚片，备用。
2. 热锅，加入3大匙油（材料外），放入板豆腐煎至上色，再加入葱段、香菇丝、胡萝卜丝炒香。
3. 于锅中继续加入所有调料煮匀，最后加入上海青煮熟配色即可。

麻婆豆腐

材料

嫩豆腐	1盒
蒜	2瓣
红辣椒	1/2个
葱	1根
猪绞肉	70克

调料

辣豆瓣	2大匙
盐	适量
白胡椒粉	适量
香油	1小匙
鸡精	1小匙
水	适量

做法

1. 蒜、红辣椒、葱均洗净切成片状；嫩豆腐切小块状备用。
2. 起锅，加入少许油（材料外）烧热，先放入猪绞肉爆香，再加入红辣椒片、蒜片、葱片翻炒均匀。
3. 最后再加入所有的调料拌匀，再以水淀粉（材料外。淀粉：水=1：3）勾芡后，加入嫩豆腐块略烩煮即可。

烹煮豆腐料理时，总会担心入锅烹煮的豆腐搅拌过烂而不好看，所以建议读者可先将所有的食材和调料都拌炒均匀，勾芡完成后，将切小块的豆腐加入锅中轻轻混合搅拌即可。

肉酱烧豆腐

材料

盒装豆腐1盒、肉酱罐头1罐、葱花20克

调料

水2大匙、水淀粉1小匙、香油1小匙

做法

1. 豆腐取出，稍微冲洗后切成小块备用。
2. 热锅，倒入肉酱，以小火炒出香味，加入水与豆腐煮匀，最后以水淀粉勾芡并淋上香油、撒上葱花即可。

美味关键

豆腐不容易入味，不如稍微勾点薄薄的芡汁，当汤汁较浓稠的时候就能包覆在豆腐上，让豆腐和汤汁更好地融合在一起。

罗汉豆腐

材料

蛋豆腐1盒、荷兰豆50克、金针菇5克、鲜香菇（切丝）1朵、胡萝卜丝10克、黑木耳丝20克、香菇高汤200毫升、姜丝5克

调料

A 盐1/6小匙、细砂糖1/2小匙

B 水淀粉1大匙、香油1大匙

做法

1. 荷兰豆去粗丝洗净；金针菇泡开水3分钟后洗净沥干，备用。
2. 蛋豆腐切厚片，放入滚水中汆烫约10秒钟后取出。
3. 锅烧热，倒入少许油（材料外），以小火炒香姜丝，加入荷兰豆、金针菇、鲜香菇丝、胡萝卜丝及黑木耳丝略炒。
4. 继续于锅中加入香菇高汤、调料A及蛋豆腐片炒匀，加入水淀粉勾芡，最后再加入香油。

鲜甜豆腐

材料

豆腐300克、胡萝卜50克、姜末20克、洋菇片30克

调料

Ⓐ 盐 1大匙、细砂糖 1小匙、水 400毫升、胡椒粉1/2小匙

Ⓑ 水淀粉1大匙、香油 1大匙

做法

1. 豆腐切小丁状，放入滚水中略汆烫以去除生豆味，捞起沥干。
2. 胡萝卜洗净去皮，用铁汤匙刮成泥状备用。
3. 取锅，加入少许油（材料外）烧热，放入姜末和洋菇片炒香后，加入胡萝卜泥和调料A拌炒均匀，再加入豆腐丁和调料B略拌炒盛盘，再撒上少许芹菜末（材料外）即可。

酸菜炒面肠

材料

酸菜头200克、面肠300克、姜10克、葱2根、蒜2瓣、红辣椒1/2个

调料

细砂糖1小匙、香油1小匙、酱油1小匙、白胡椒粉1小匙

做法

1. 酸菜头洗净切丝，放入滚水中略汆烫后捞起沥干。
2. 面肠切片；姜洗净切丝；葱洗净切段；蒜、红辣椒洗净切片备用。
3. 起锅，加入少许油（材料外）烧热，先放入面肠以大火快炒至略带焦香味，再加入其他所有材料和所有调料以中火翻炒均匀即可。

素蚝油腐竹

材料

腐竹60克、生菜200克、姜丝10克、水150毫升

调料

素蚝油2大匙、盐少许、香菇粉少许、香油1/2小匙

做法

1. 腐竹洗净、泡软后切段，备用。
2. 生菜洗净、切片。
3. 热锅，加入1大匙油（材料外），放入姜丝爆香，然后加入腐竹段拌炒，再加调料炒匀，加水煮至微干后盛出。
4. 热锅，加入1大匙油（材料外），放入生菜和少许盐（材料外）炒熟后盛盘，再将腐竹段放在上面即可。

香辣蛤蜊

材料

蛤蜊150克、葱1根、蒜3瓣、红辣椒1/2个、罗勒10克

调料

细砂糖1小匙、酱油膏2大匙

做法

1. 蒜洗净切末；红辣椒洗净切末；葱洗净切小段；蛤蜊泡盐水吐沙洗净，备用。
2. 热锅倒入适量的油（材料外），放入蒜末、红辣椒末、葱段以中小火爆香。
3. 然后于锅中加入蛤蜊，盖上锅盖转中火焖至蛤蜊壳打开，再加入所有调料炒匀。
4. 最后加入洗净的罗勒炒软即可。

豉香牡蛎

材料

牡蛎	200克
盒装嫩豆腐	1盒
姜	10克
蒜	8克
红辣椒	10克
豆豉	20克
葱花	30克

调料

Ⓐ

米酒	1小匙
酱油膏	2大匙
细砂糖	1小匙
水	2大匙

Ⓑ

水淀粉	1小匙
香油	1小匙

做法

1. 牡蛎洗净后沥干；豆腐切粗丁；姜、蒜、红辣椒洗净切末，备用。
2. 牡蛎用沸水汆烫约5秒后捞出沥干。
3. 热锅，倒入1大匙油（材料外），以小火爆香姜末、蒜末、红辣椒末、豆豉及葱花，再加入豆腐丁炒匀。
4. 加入所有调料A及牡蛎煮开后，以水淀粉勾芡，再洒上香油即可。

蒜香银鱼

材料

银鱼300克、蒜末10克、姜末10克、红辣椒末10克、青蒜末15克

调料

酱油1小匙、盐少许、细砂糖1/4小匙、米酒1/2大匙、陈醋少许

做法

1. 银鱼洗净沥干。放入油锅（材料外的油）略炸一下至微干，捞出沥油。
2. 取锅烧热后倒入少许油（材料外），放入蒜末、姜末爆香，再放入红辣椒末、青蒜末，续加入略炸过的银鱼与所有调料拌炒均匀即可。

步骤2若不想用油炸，可以用比炒菜稍多一点油量，开大火炒至银鱼缩小即可。

丁香鱼味花生

材料

丁香鱼50克、葱5克、蒜5克、红辣椒5克、蒜味花生10克

调料

白胡椒盐适量

做法

1. 丁香鱼洗净后放入沸水中汆烫，再捞起沥干备用。
2. 葱洗净切末；蒜洗净切末；红辣椒洗净切末，备用。
3. 热锅倒入少许的油（材料外），放入葱、蒜、红辣椒以中小火爆香，再加入丁香鱼与蒜味花生、白胡椒盐，转中大火一起拌炒至干香即可。

三杯旗鱼

材料

旗鱼1片（约200克）、红辣椒（切片）1个、姜片5克、蒜（切片）3瓣、新鲜罗勒2根、葱（切段）2根

调料

香油1大匙、酱油膏1大匙、米酒1大匙、细砂糖1小匙、盐少许、白胡椒粉少许

做法

1. 将旗鱼洗净切块，用餐巾纸吸干水分备用。
2. 起锅，加入适量香油烧热，放入红辣椒片、姜片、蒜片、葱段以中火爆香。
3. 然后于锅中加入旗鱼块一起翻炒3分钟，最后放入其余的调料与罗勒炒香即可。

洋葱鱼条

材料

鲷鱼1片（约200克）、洋葱（切丝）1/2个、蒜（切片）2瓣、葱（切段）1根

调料

黑胡椒粉酱3大匙、米酒2大匙

做法

1. 将鲷鱼洗净切条，用餐巾纸吸干水分备用。
2. 起锅，加入适量油（材料外）烧热，放入蒜片、葱段以中火爆香，再加入洋葱丝炒香。
3. 继续加入鲷鱼条、所有调料，以中火一起翻炒3分钟至熟即可。

美味关键

鱼肉在下锅炒前用滚水略为汆烫，可以使鱼肉在料理时不易粘锅和松散。

豆酥炒鱼片

材料

豆酥3大匙、鲷鱼肉1片、芹菜2根、葱1根、红辣椒1/2个、蒜2瓣

调料

白胡椒粉1大匙、盐少许

腌料

面粉3大匙

做法

1. 将鲷鱼肉洗净切大片状，再在鱼片上面拍上薄薄的面粉。
2. 芹菜、红辣椒、葱和蒜洗净，都切成碎末状备用。
3. 起一个平底锅，将鲷鱼片放入，以小火煎3分钟至熟，盛盘备用。
4. 再将豆酥以小火先炒2分钟，再加入芹菜末、红辣椒末、葱末、蒜末与所有调料爆香后，淋在煎好的鲷鱼片上即可。

香辣樱花虾

材料

干樱花虾35克、芹菜110克、红辣椒2个、蒜20克

调料

酱油1大匙、细砂糖1小匙、鸡精1/2小匙、米酒1大匙、香油1小匙

做法

1. 芹菜洗净后切小段；红辣椒及蒜洗净切碎。
2. 起一炒锅，热锅后加入约2大匙油（材料外），以小火爆香红辣椒末及蒜末后，加入樱花虾，续以小火炒香。
3. 在锅中加入调料（香油除外），转中火炒至略干后，加入芹菜段翻炒约10秒钟至芹菜略软，最后洒上香油即可。

酸菜炒鲑鱼

材料

鲑鱼	1片
酸菜	150克
葱	1根
姜	15克
蒜	3瓣
红辣椒	1个

调料

白醋	1小匙
香油	1小匙
盐	少许
白胡椒粉	少许
细砂糖	1小匙
酱油	1小匙

做法

1. 先将鲑鱼洗净，切成小块状；酸菜洗净，切成小块状，再泡冷水去除咸味；葱洗净切段；姜、蒜、红辣椒洗净都切成片状，备用。
2. 取一炒锅，先加入1大匙油（材料外）拍上薄薄的面粉，放入葱段、蒜片、姜片、红辣椒片先炒香，再放入酸菜拌炒煸香。
3. 接着于锅中加入处理好的鲑鱼块，稍微拌炒后再加入所有调料，以大火翻炒均匀至材料入味即可。

XO辣酱炒虾仁

材料

虾仁	100克
芹菜	50克
蒜片	5克
红辣椒	40克
葱	10克

调料

XO酱	2大匙
盐	1/4小匙
细砂糖	1/4小匙
米酒	1大匙
水	2大匙
水淀粉	1小匙
香油	1小匙

做法

1. 红辣椒洗净去籽切片；芹菜洗净切片；葱洗净切小段；虾仁由虾背部从头到尾切一刀但勿切断，备用。
2. 热一锅，加入少许油（材料外），放入葱段、蒜片及XO酱略炒香，接着加入虾仁，以中火炒约10秒，再加入红辣椒片及芹菜片炒匀。
3. 在锅中入盐、细砂糖、米酒及水，以中火炒约30秒后，接着以水淀粉勾芡，再淋上香油即可起锅。

滑蛋虾仁

材料

鸡蛋4个、虾仁80克、葱花15克

调料

盐1/4小匙、米酒1小匙、水淀粉2大匙

做法

1. 将虾仁用刀从背部划开（深约1/3处），然后入锅汆烫，水滚后5秒即捞出冲凉沥干。
2. 鸡蛋、盐及米酒混合拌匀后加入虾仁、水淀粉及葱花拌匀成蛋液。
3. 热锅，加入约2大匙油（材料外），将蛋液再拌匀一次后倒入锅中，以中火翻炒至蛋液凝固盛盘，再以香菜（材料外）装饰即可。

虾仁汆烫过可以去腥，也能更快熟。

毛豆仁炒虾仁

材料

虾仁200克、毛豆仁200克、葱1根、橄榄油1小匙

调料

盐1/2小匙、细砂糖1/4小匙

腌料

料酒1小匙、胡椒粉1/2小匙、淀粉1/2小匙

做法

1. 虾仁洗净切粒状，加入腌料搅拌均匀放置10分钟。
2. 毛豆仁洗净沥干；葱洗净切段。
3. 煮一锅水，将毛豆仁烫熟捞起沥干；接着将虾仁汆烫至变红捞起沥干备用。
4. 取一不粘锅，放入橄榄油后爆香葱段，放入虾仁及毛豆仁拌炒熟后加入调料即可。

菠萝炒虾仁

材料

虾仁	12尾
罐头菠萝果肉	1罐
葱	2根
蒜	2瓣
红辣椒	1/2个

调料

细砂糖	1小匙
香油	1小匙
米酒	1大匙
盐	少许
白胡椒粉	少许

美味关键

为了让料理更快速方便，既可以选用菠萝罐头，也可以改用新鲜菠萝入菜，并在调料时多增加1大匙的水和1小匙的细砂糖进行搭配，口感也极佳。

做法

1. 虾仁洗净沥干，剖开背部去肠泥，再放入滚水中快速汆烫捞起备用。
2. 菠萝果肉切小片；葱洗净切段；蒜洗净切片；红辣椒洗净切片备用。
3. 取锅，加入少许油（材料外）烧热，放入菠萝片、葱段、蒜、红辣椒片爆香，再加入虾仁和所有的调料翻炒均匀即可。

酱爆虾

材料

虾300克、蒜末10克、红辣椒片15克、洋葱丝30克、葱段30克

调料

酱油1大匙、辣豆瓣酱1大匙、细砂糖少许、米酒1大匙

做法

1. 虾洗净，剪去须和头尖部；热锅，加入2大匙油（材料外），放入虾煎香后取出；葱洗净分葱白和葱绿，分别切段备用。
2. 原锅放入蒜末、红辣椒片、洋葱丝和葱白爆香，再放入虾和所有调料，拌炒均匀后加入葱绿再炒匀即可。

胡椒粉蒜香虾

材料

虾600克、蒜末20克

调料

Ⓐ 白胡椒粉2大匙、花椒粉1/4小匙、五香粉1/2小匙、甘草粉1/4小匙、山葵粉1/4小匙、沙姜粉1/2小匙、盐1/2小匙

Ⓑ 米酒100毫升

做法

1. 将调料A所有材料混合成调味粉。
2. 锅烧热，倒入约1大匙油（材料外），以小火爆香蒜末后，倒入洗净的虾及调味粉和米酒。
3. 开大火煮至水滚后，转中火续煮，持续翻动虾防止粘锅。
4. 再继续煮约5分钟至水分收干即可。

三杯墨鱼

材料

墨鱼1尾、蒜4瓣、红辣椒1/2个、姜5克、新鲜罗勒3根

调料

酱油膏2大匙、细砂糖1大匙、米酒1大匙、水2杯、香油1小匙

做法

1. 墨鱼洗净切成圈状，放入滚水中汆烫约5秒即可捞起，备用。
2. 姜、蒜和红辣椒洗净切片；新鲜罗勒洗净沥干。
3. 取锅，加入少许油（材料外）烧热，放入姜、蒜片和红辣椒片爆香，再加入墨鱼、新鲜罗勒和所有的调料翻炒至汤汁成稠状即可。

红烧鱿鱼

材料

鱿鱼3尾、姜5克、蒜3瓣、葱1根、红辣椒1/2个

调料

酱油1大匙、细砂糖1大匙、水3大匙、鸡精1小匙、白胡椒粉1小匙

做法

1. 将鱿鱼的软骨直接抽出，洗净沥干备用。
2. 姜、蒜和红辣椒洗净切片；葱洗净切段备用。
3. 取锅，加入少许油（材料外）烧热，放入姜、蒜片、葱段和红辣椒片爆香，先加入所有调料混合拌匀，最后再放入鱿鱼煮至汤汁略收即可。

宫保鱿鱼

材料

干鱿鱼尾400克、干红辣椒10克、姜5克、葱2根、蒜片10克

调料

Ⓐ 白醋1小匙、酱油1大匙、细砂糖1小匙、米酒1小匙、水1大匙、淀粉1/2小匙
Ⓑ 香油1小匙

做法

1. 将鱿鱼尾洗净切粗条，汆烫约10秒后沥干；姜洗净切丝；葱洗净切段。
2. 将调料A调匀备用。
3. 热锅，倒入约2大匙油（材料外），以小火爆香葱段、姜丝、蒜片及干红辣椒后加入鱿鱼条，以大火快炒约5秒后边炒边将调味汁淋入，翻炒均匀再洒上香油即可。

豆瓣酱炒墨鱼

材料

墨鱼1尾、姜片适量、蒜片10克、红辣椒片10克、葱段15克

调料

豆瓣酱2大匙、香油1小匙、盐适量、白胡椒粉适量

做法

1. 墨鱼去头，将肚子洗净后，先切花后再切片状备用。
2. 锅中加水煮沸，将墨鱼片放入其中略汆烫，捞起备用。
3. 取锅，加入少许油（材料外）烧热，放入姜片、蒜片、红辣椒片和葱段爆香，加入墨鱼片和所有调料翻炒均匀即可。

芹菜炒鱿鱼

材料

干鱿鱼350克、芹菜3棵、韭菜50克、蒜2瓣、红辣椒1/2个

调料

黄豆酱1大匙、香油1小匙、盐适量、白胡椒粉适量

做法

1. 干鱿鱼泡水2个小时，洗净后再用剪刀剪成小段备用。
2. 芹菜和韭菜洗净切段；蒜和红辣椒洗净切片备用。
3. 取锅，加入少许油（材料外）烧热，放入蒜片、红辣椒片爆香后，加入芹菜段、韭菜段和鱿鱼段翻炒均匀，再加入调料略翻炒即可。

椒盐爆龙珠

材料

龙珠200克、花生20克、姜少许、蒜3瓣、红辣椒 2个、葱2根

调料

盐少许、黑胡椒粉少许、辣豆瓣酱和香油各1小匙

做法

1. 龙珠洗净，放入滚水中略汆烫过水。
2. 姜、蒜、红辣椒和葱洗净，都切成碎末状。
3. 锅烧热，加入1大匙油（材料外），放入龙珠，以中火爆香，再加入姜末、蒜末、红辣椒末和葱末，以中火翻炒均匀。
4. 最后加入花生和所有调料拌匀即可。

注：龙珠即鱿鱼嘴。

PART 2

分分钟学会无油烟酱料拌菜

酱料拌菜通常是简单汆烫一下就起锅，许多食材甚至可以生食，以最大程度地保留食材的原汁原味和鲜脆度。这类食材大多适合切成薄片或细丝（需久煮的竹笋、容易散开的鱼肉则可切大块），不但可以缩短水煮时间，也更容易蘸附酱料。

酸辣大薄片

材料

猪头皮	300克
红辣椒末	5克
蒜末	5克
香菜碎	2克
花生碎	10克

调料

柠檬汁	1大匙
鱼露	2大匙
白醋	1小匙
细砂糖	1大匙

做法

1. 煮开一锅水（水中可放入少许葱、姜去腥），放入猪头皮，煮约40 分钟至熟透。
2. 将猪头皮捞起，用凉开水冲约30分钟至凉透略有脆感，切成薄片，置于盘上备用。
3. 将红辣椒末、蒜末、香菜碎及所有调料拌匀成酱汁，淋至猪头皮片上，再撒上花生碎，食用时拌匀即可。

蒜泥白肉

材料

五花肉　300克

调料

蒜泥酱　适量

做法

1. 五花肉洗净，放入锅中加入冷水盖上锅盖，以中火煮开，煮15分钟，再关火焖30分钟捞起备用。
2. 将煮好的五花肉切成薄片状，再依序排入盘中。
3. 将调好的蒜泥酱均匀地淋在切好的五花肉上面即可。

蒜泥酱

材料： 蒜3瓣、葱1根、香菜1根

调料： 酱油膏3大匙、米酒1大匙、细砂糖1小匙、白胡椒粉1小匙

做法： 1.将所有材料洗净再切成碎状备用。

2.取碗，加入所有切碎的材料与所有的调料，再以汤匙搅拌均匀即可。

酸甜五花肉

材料

五花肉250克、姜10克、葱1根

调料

客家酸甜酱适量

做法

1. 将五花肉洗净，放入锅中，加水（材料外）至淹过食材，盖上锅盖，以中火煮约20分钟至熟，再关火焖约10分钟取出，切成小片状备用。
2. 姜、葱洗净切成丝状后，放入盘中装饰，再将切好的五花肉片放入盘中，食用时蘸取客家酸甜酱即可。

客家酸甜酱

材料： 客家桔酱1大匙、酱油膏少许

做法： 将材料放入容器中，搅拌均匀即可。

腐乳肉片

材料

梅花肉200克、小黄瓜1根、红甜椒末少许

调料

腐乳酱适量

做法

1. 小黄瓜洗净切细丝，放入盘中铺底。
2. 梅花肉切薄片状，煮一锅滚水，放入梅花肉片煮约2分钟至熟，捞起放在黄瓜丝上。
3. 淋上腐乳酱，撒上红甜椒末装饰即可。

腐乳酱

材料： 豆腐乳2大匙、蒜末10克、红辣椒末2克、细砂糖1小匙、开水1大匙、香油1小匙

做法： 豆腐乳捣成泥，加入蒜末和红辣椒末，再加入其余材料拌匀即可。

凉拌梅花肉片

材料
梅花肉片200克、四季豆100克、蒜末5克、姜末5克

调料
味噌拌酱适量

做法
1. 梅花肉片洗净；四季豆洗净切段，备用。
2. 将梅花肉片放入沸水中汆烫至熟后取出；四季豆放入沸水中汆烫1分钟捞出，浸泡冰水（材料外）后取出，与梅花肉一起盛盘。
3. 将味噌拌酱与蒜末、姜末调匀后，淋入盘中即可。

味噌拌酱

材料： 味噌2大匙、味醂1大匙、米酒 1小匙、酱油膏1小匙、冷开水3大匙

做法： 将所有材料混合，搅拌均匀即可。

火腿三丝

材料
火腿80克、金针菇 60克、胡萝卜50克、小黄瓜1根

调料
盐1/4小匙、鸡精少许、细砂糖少许、黑胡椒粉1/4小匙、香油1大匙

做法
1. 火腿切丝；金针菇洗净去蒂头；胡萝卜洗净去皮切丝；小黄瓜洗净去头尾切丝，备用。
2. 将金针菇、胡萝卜丝放入滚水中汆烫熟，备用。
3. 将小黄瓜丝加入少许盐（分量外），搅拌均匀腌约10分钟，再次抓匀并用冷开水略冲洗，备用。
4. 取一大碗，装入所有材料及调料搅拌均匀即可。

香菜拌肉丝

材料

猪肉 250克
香菜根 6根
红辣椒 2个
蒜 5瓣

调料

香油 2大匙
胡麻酱 1小匙
鸡精 1小匙
盐 少许
白胡椒粉 少许
熟白芝麻 1大匙
陈醋 1小匙

腌料

淀粉 1小匙
盐 少许
白胡椒粉 少许
香油 少许

做法

1. 将猪肉洗净切成小条状，加入腌料腌渍约10分钟，放入滚水中汆烫，捞起放凉备用。
2. 将香菜根洗净后切小段、红辣椒洗净切丝、蒜洗净切碎备用。
3. 取一容器，加入所有调料以打蛋器拌匀，再加入猪肉条、香菜段、红辣椒丝和蒜碎，略为搅拌均匀，盛盘后以香菜（材料外）装饰即可。

白灼韭菜

材料
韭菜150克、柴鱼片1小匙

调料
油膏韭菜酱适量

做法
1. 将韭菜外皮老叶剥除，洗净后放入沸水中大火汆烫约1分钟捞起，再放入冰水中冰镇备用。
2. 将冰镇过的韭菜沥干水分，切成段状排入盘中，再淋入油膏韭菜酱，最后再加入柴鱼片即可。

油膏韭菜酱

材料： 酱油膏2大匙、细砂糖1小匙、香油1小匙、开水1大匙

做法： 将所有的材料混合均匀即可。

味噌莴苣

材料
叶用莴苣200克

调料
味噌酱适量

做法
1. 叶用莴苣去根，洗净沥干。取锅加水煮至滚沸，放入叶用莴苣汆烫至熟，沥干盛盘。
2. 淋上味噌酱，食用前再拌匀即可。

味噌酱

材料： 蒜末4瓣、鲣鱼酱油2大匙、味噌2大匙、水50毫升、细砂糖1小匙、香油1大匙、油1大匙、熟白芝麻1小匙

做法： 热锅倒入油，先放蒜末以小火炒香，再加入鲣鱼酱油、味噌、水及细砂糖搅匀，煮开之后滴入香油、撒上熟白芝麻即可。

葱拌猪皮

材料

熟猪皮200克、葱2根、红辣椒1个、香菜2根、蒜3瓣

调料

酱油膏2大匙、冷开水适量、香油1小匙、辣豆瓣酱1小匙

做法

1. 将熟猪皮切成小条状备用。
2. 将葱、红辣椒、香菜及蒜皆洗净切碎,备用。
3. 取一容器，加入所有调料调匀，再加入以上全部材料，略为搅拌均匀即可。

美味关键

酱油膏和辣豆瓣酱较浓郁，所以在酱料中加一些水调稀，吃起来才不腻口。

鸡丝拉皮

材料

鸡胸肉1片、绿豆粉皮2片、绿豆芽30克、红辣椒1个、小黄瓜1个

调料

鸡汁麻酱适量

做法

1. 鸡胸肉洗净去皮，汆熟拔成细丝状备用。
2. 将红辣椒、小黄瓜洗净切成丝状，与洗净的绿豆芽一起放入沸水中汆烫过水备用。
3. 绿豆粉皮切成小条状，洗净滤干备用。
4. 将所有材料盛盘，淋上调料即可。

鸡汁麻酱

材料： 麻酱1大匙、鸡高汤3大匙、香油少许、酱油1小匙、熟白芝麻1小匙、白醋少许

做法： 将所有材料搅拌均匀即可。

寒天鸡丝

材料
鸡胸肉120克、寒天10克、胡萝卜25克、小黄瓜50克

调料
芝麻酱50克、辣椒油30毫升、凉开水20毫升、花椒粉1小匙、酱油30毫升、白醋10毫升、细砂糖20克、香油15毫升

做法
1. 鸡胸肉洗净放入沸水中煮约10分钟至熟后，待凉剥丝备用。
2. 胡萝卜洗净去皮切丝，放入沸水中稍为汆烫取出沥干；小黄瓜洗净切丝，备用。
3. 寒天用1碗凉开水（材料外）泡30分钟后沥干备用。
4. 将所有材料盛入容器中，加入3大匙混合均匀的调料，一起拌匀即可。

百合鸡片

材料
百合1朵、鸡胸肉1副、红甜椒 1/3个、四季豆5根

调料
芝麻酱适量

腌料
淀粉1大匙、香油1小匙、盐少许、白胡椒粉少许、米酒1小匙

做法
1. 将鸡胸肉洗净切成小片状，加入腌料抓匀，放入沸水中汆烫，捞起备用。
2. 将红甜椒洗净切成菱形片状；四季豆洗净切段；百合洗净去蒂剥开，皆放入沸水中汆烫过水备用。
3. 取一容器，将以上所有材料搅拌均匀，摆入圆盘中，淋上芝麻酱即可。

怪味鸡丝

材料

鸡胸肉80克、小黄瓜40克、鲜黑木耳30克、胡萝卜20克

调料

酱油50毫升、白醋10毫升、辣油20毫升、细砂糖15克、香油40毫升、芝麻酱25克、白芝麻15克、花椒粉2克

做法

1. 煮一锅水至沸腾，放入鸡胸肉用水煮约10分钟至熟，待凉剥丝备用。
2. 小黄瓜、鲜黑木耳洗净切丝，胡萝卜洗净去皮切丝，一起放入沸水中汆烫后沥干备用。
3. 将以上所有材料放入大碗中，加入3大匙混合均匀的调料，一起拌匀即可。

葱油鸡

材料

大鸡腿 1只

调料

葱油酱适量

做法

1. 将大鸡腿洗净放入锅内，再加入冷水（材料外）至淹过食材，盖上锅盖，以中火煮约15分钟，焖约10分钟取出。
2. 鸡腿放冷切厚片，再搭配葱油酱食用即可。

葱油酱

材料： 葱（切碎）1根、姜（切碎）1小匙、香油1小匙、酱油1小匙、细砂糖少许、蒜（切碎）3瓣

做法： 取锅加香油烧热，葱碎、蒜碎以中火爆香，再加入其余的材料，炒匀后盛盘即可。

绿豆芽拌鸡丝

材料

绿豆芽120克、鸡胸肉1片（约180克）、小黄瓜1个、胡萝卜30克、香菜2根、红辣椒1个、熟白芝麻1小匙

调料

香油2大匙、酱油1大匙、细砂糖1小匙、盐少许、白胡椒粉少许、冷开水适量

做法

1. 鸡胸肉洗净放入滚水中煮熟，捞起放凉，撕成丝状备用。
2. 将小黄瓜及胡萝卜皆洗净切丝，与洗净的绿豆芽一起放入滚水中汆烫，捞起放凉备用。
3. 将香菜洗净切碎、红辣椒洗净切丝备用。
4. 取一容器，加入以上全部材料，再加入所有调料拌匀，撒上熟白芝麻，并以豆苗（材料外）装饰即可。

糟醉鸡片

材料

土鸡胸肉200克、小黄瓜1个、姜片20克、葱1根

调料

酒酿汁4大匙、盐1/2小匙、胡椒粉少许

做法

1. 土鸡胸肉洗净去皮；小黄瓜洗净去头尾，切片备用；葱洗净切段。
2. 煮一锅滚沸的水，放入姜片、葱段及去皮鸡胸肉，以小火煮约15分钟，捞出去皮鸡胸肉，待凉备用。
3. 将去皮鸡胸肉以斜刀切薄片，备用。
4. 将鸡胸肉薄片、小黄瓜片和所有调料一起拌匀，放入冰箱冷藏腌渍一夜即可。

圣女果拌鸡丝

材料

圣女果5个、鸡胸肉2/3 片、小黄瓜1条、罗勒1根、蒜1瓣

调料

番茄酱2大匙、细砂糖1小匙、香油1小匙、白胡椒粉1小匙、盐1小匙

做法

1. 鸡胸肉洗净，放入滚水中汆烫至熟后，捞出沥干，剥成丝状备用。
2. 圣女果洗净沥干，每个分切成四等份；小黄瓜洗净沥干，切小块状；罗勒叶洗净沥干，切细丝；蒜洗净切片备用。
3. 取容器，放入以上所有材料及所有调料，混合拌匀，盛入盘中再放上罗勒叶（材料外）装饰即可。

鸡丝萝卜

材料

胡萝卜300克、白萝卜50克、鸡胸肉100克

调料

盐1/2小匙、辣椒酱2大匙、白醋2小匙、细砂糖1大匙、香油2大匙

做法

1. 白萝卜、胡萝卜洗净去皮后切丝，放入大碗中，加入1/2小匙的盐抓匀后静置约20分钟，冲水约5分钟至盐分去除，沥干放入碗中备用。
2. 鸡胸肉洗净，放入滚沸的水中烫熟后剥丝，放入盛有萝卜丝的大碗中。
3. 于碗中加入其余调料拌匀即可。

白灼牛肉

材料
牛肉片200克、葱丝30克、姜丝10克、红辣椒丝10克

调料
油膏酱适量

腌料
酱油1大匙、米酒1小匙、蛋清1大匙、淀粉1小匙

做法
1. 腌料混合，加入牛肉片抓匀，腌3分钟。
2. 将腌牛肉片放入沸水中煮约1分钟至熟，捞起盛盘。
3. 再放上葱丝、姜丝和红辣椒丝，搭配油膏酱食用。

油膏酱

材料： 酱油膏2大匙、细砂糖1小匙、香油1小匙、开水1大匙

做法： 所有材料混合均匀即可。

白玉照烧牛肉

材料
牛肉片250克、生菜 1/3个

调料
姜汁芝麻酱适量

做法
1. 将生菜洗净切成丝，泡开水备用。
2. 牛肉片放入沸水中汆烫至熟，沥干备用。
3. 取一盘，将生菜丝铺底，放上牛肉片，再淋上调料即可。

姜汁芝麻酱

材料： 姜汁1大匙、熟白芝麻1小匙、酱油1大匙、味醂1小匙、细砂糖1小匙、陈醋1小匙

做法： 将所有的材料加入容器中，搅拌均匀即可。

芒果拌牛肉

材料

芒果1个、牛肉300克、洋葱1/2个、香菜2根、红辣椒1个

调料

酱油1小匙、细砂糖1小匙、香油1大匙、盐少许、黑胡椒粉少许

腌料

淀粉1小匙、香油1小匙、盐少许、白胡椒粉少许

做法

1. 将芒果去皮、切成小条状备用。
2. 将牛肉洗净切成小条状，加入腌料腌渍约15分钟，放入滚水中汆烫，捞起放凉备用。
3. 将洋葱洗净切丝、泡水去除辛辣味，沥干水分；香菜及红辣椒皆洗净切碎，备用。
4. 取一容器，加入以上全部材料，再加入所有调料，拌匀即可。

酸辣牛肉片

材料

牛肉片250克、洋葱60克、青甜椒50克、红辣椒5克、圣女果5个

调料

酸辣拌酱适量

做法

1. 洋葱洗净切丝；青甜椒、红辣椒洗净，去蒂和籽后切丝；圣女果洗净对切，备用。
2. 煮一锅水至滚，将牛肉片放入滚水中汆烫，去除血水和脏污，至熟后捞出备用。
3. 将以上所有材料和酸辣拌酱混合拌匀即可。

酸辣拌酱

材料： 米醋2大匙、鸡精少许、辣椒油1/2小匙、细砂糖1/4小匙、盐少许、白胡椒粉少许

做法： 将所有材料混合均匀即可。

小黄瓜拌牛肚

材料

小黄瓜2根、熟牛肚200克、蒜3瓣、葱1根、红辣椒1个

调料

辣油1大匙、香油1大匙、酱油1小匙、白胡椒粉适量、盐适量

做法

1. 小黄瓜洗净去籽切丝，放入滚水中略汆烫后，捞起泡入冰水中备用。
2. 熟牛肚切片；蒜和葱洗净切末；红辣椒洗净切丝，备用。
3. 取容器，将所有的调料加入拌匀，再加入以上所有材料混合搅拌均匀即可。

麻酱菠菜卷

材料

菠菜300克、柴鱼丝4克、蒜泥5克、熟白芝麻少许

调料

芝麻酱1/2小匙、凉开水1大匙、细砂糖1小匙、酱油膏1大匙

做法

1. 菠菜洗净去根部，放入滚水中汆烫约10秒钟，捞出泡入冰水中冷却后挤干水分。
2. 将菠菜对折，用寿司竹帘卷成卷状，稍稍用力，挤压出多余水分后，包紧定型备用。
3. 将已定型的菠菜拆去竹帘，切段排盘，淋上蒜泥和所有调料拌匀成的酱汁，再撒上柴鱼丝和熟白芝麻即可。

腐乳菠菜

材料

菠菜200克、蒜3瓣、油2小匙

调料

辣腐乳2小块、水50毫升、细砂糖1/4小匙

做法

1. 将菠菜切去根部，洗净切小段，放入滚水中汆烫约20秒后，捞起装盘。
2. 蒜洗净切碎末，热锅倒入油，以小火爆香蒜末后，加入辣腐乳炒散，再加入水、细砂糖调味。
3. 待酱汁煮开后，直接淋在菠菜上即可。

菠菜口感较涩，汆烫时可在水中加入少许油，吃起来则更滑润，颜色也不会变黄。

蚝油芥蓝

材料

芥蓝200克、红辣椒适量

调料

港式蚝油酱适量

做法

1. 将红辣椒洗净，去籽切成细丝，泡入冷水备用；将芥蓝洗净备用。
2. 将芥蓝放入沸水中，以大火汆烫约1.5分钟捞起，放入盘中排齐。
3. 在芥蓝上淋上港式蚝油酱，再放入红辣椒丝装饰即可。

港式蚝油酱

材料： 蚝油50毫升、香油1小匙、细砂糖1小匙、白胡椒粉少许、水100毫升

做法： 所有材料拌匀后以中火煮开即可。

台式泡菜

材料

圆白菜1/4个、胡萝卜30克、红辣椒（切片）1/4个

调料

白醋50毫升、冷开水100毫升、盐少许、香油1小匙

做法

1. 将圆白菜洗净，切成大块状，用少许盐（材料外）腌至圆白菜出水，沥干备用。
2. 将胡萝卜洗净去皮切成小片状，放入沸水中汆烫捞起备用。
3. 将所有调料放入容器中，用汤匙搅拌均匀成酱汁备用。
4. 取一容器，放入圆白菜块、胡萝卜片及红辣椒片，再倒入调制好的酱汁拌匀，腌渍约30分钟即可。

凉拌竹笋

材料

绿竹笋2条

调料

美乃滋50克

做法

1. 绿竹笋洗净后放入锅中，再加入可盖过竹笋的冷水。
2. 将水以中火煮开后再转小火，30分钟后捞起，放入冷水中快速冰镇冷却，再移入冰箱冷藏备用。
3. 待食用前将笋壳剥除，笋肉切滚刀状，再淋上美乃滋即可（盘底可垫生菜叶装饰）。

香葱肉臊地瓜叶

材料

地瓜叶　150克

调料

香葱肉臊酱　适量

做法

1. 将地瓜叶洗净，挑去老梗。
2. 将地瓜叶放入沸水中，以中火氽烫约30秒后捞起，淋上香葱肉臊酱拌匀即可。

香葱肉臊酱

材料：猪绞肉150克、洋葱（切碎）1/3个、蒜（切碎）5瓣、红辣椒（切碎）1/2个、葱（切碎）2根

调料：五香粉1小匙、盐少许、黑胡椒粉少许、香油1小匙、酱油1大匙、水200毫升

做法：1.取一炒锅，加1大匙油（材料外），放入猪绞肉和其余材料，再以中火爆香。

2.最后再加入所有的调料煮开即可

油葱莴苣

材料

叶用莴苣150克、油葱酥适量

调料

原味卤汁适量

做法

1. 将叶用莴苣洗净。
2. 将叶用莴苣放入煮滚的原味卤汁中，以中火氽烫约30秒后，捞起摆盘，再撒上油葱酥即可。

原味卤汁

材料： 酱油150毫升、水500毫升、市售卤味包1包

做法： 将所有的材料一起放入锅中，再以中火煮开即可。

蒜蓉西蓝花

材料

西蓝花1个

调料

蒜蓉酱适量

做法

1. 西蓝花洗净，切小朵备用。
2. 将西蓝花放入沸水中，并加入少许盐（分量外），氽烫至颜色鲜绿，再捞出泡入冰水中备用。
3. 沥干西蓝花，淋上蒜蓉酱拌匀即可。

蒜蓉酱

材料： 蒜末10克、酱油膏1大匙、淡色酱油1/2大匙、细砂糖1小匙、冷开水1大匙

做法： 将所有的材料混合拌匀即可。

水煮茄子

材料
茄子 1个

调料
罗勒油膏适量

做法
1. 将茄子洗净去蒂再切成约3厘米的长段，放入滚水中汆烫，捞起泡冰水冰镇备用。
2. 将茄子段摆盘，再淋入罗勒油膏即可。

罗勒油膏

材料： 新鲜罗勒1根、红辣椒1/3个、酱油膏2大匙、米酒1大匙、开水1大匙

做法： 1.将新鲜罗勒洗净再切成细丝状；红辣椒洗净切碎备用。
2.将所有材料混合拌匀即可。

山药拌秋葵

材料
秋葵12根、柴鱼片少许、山药20克

调料
酱油1小匙

做法
1. 山药洗净去皮，磨成泥，加酱油拌匀成酱汁，备用。
2. 秋葵洗净去蒂，放入沸水中汆烫至熟，捞起沥干水分，摆入盘中，再淋上酱汁和柴鱼片即可。

美味关键
制作这道料理时，蘸酱可另外用小碟子盛装，以蘸取的方式来食用，以避免摄入过多的钠或油脂。如果使用酱油膏，可加热水调和，以降低钠的摄取。

沙茶空心菜

材料
空心菜300克、紫洋葱末10克、蒜末10克、油1大匙

调料
酱油膏2大匙、沙茶酱1大匙、水2大匙、细砂糖1/2小匙

做法
1. 热锅倒入油，先放入蒜末及紫洋葱末以小火炒香，再加入酱油膏、沙茶酱、水及细砂糖搅匀煮开，即为沙茶酱汁。
2. 将空心菜挑去老茎，洗净切成小段，放入滚水中汆烫约20秒至熟后捞起装盘。
3. 将沙茶酱汁淋在空心菜上，食用前拌匀即可。

美味关键
先汆烫空心菜，然后捞起盛盘淋上酱汁，叶片才不会变黑。

胡麻酱四季豆

材料
四季豆250克

调料
胡麻酱适量

做法
1. 首先将四季豆去头尾老丝洗净，放入滚水中以大火汆烫约1分钟，捞起再放入冰水中冰镇备用。
2. 将四季豆摆盘，再淋入胡麻酱即可。

胡麻酱

材料： 市售麻酱2大匙、熟白芝麻少许、盐少许、白胡椒粉少许、红辣椒1/3个、香菜1根、开水1大匙

做法： 1.将红辣椒、香菜都洗净切成碎状备用。
2.将所有材料混合均匀即可。

冰镇凉拌苦瓜

材料

苦瓜450克

调料

Ⓐ 美乃滋250克、番茄酱2大匙、柠檬汁30毫升

Ⓑ 七味粉适量

做法

1. 将苦瓜洗净剖开，挖除籽囊，切薄片，泡入冰水中冰镇，捞起沥干备用。
2. 将所有调料A拌匀，淋至冰镇过的苦瓜片上，再撒上适量七味粉即可食用。

美味关键

苦瓜切得愈薄愈好，这样更易蘸取酱汁，口感也比较爽脆。

辣拌鲜笋丝

材料

绿竹笋200克、小黄瓜1个、胡萝卜15克、蒜泥适量

调料

细砂糖20克、盐5克、醋40毫升、味醂20毫升、辣椒粉适量

做法

1. 绿竹笋洗净煮熟去壳，切成长约4厘米的长条；小黄瓜、胡萝卜洗净，切成长约4厘米的长条。
2. 将绿竹笋、小黄瓜、胡萝卜以少许盐（材料外）略为腌渍出水后沥干。
3. 将所有调料与蔬菜料、蒜泥充分混合均匀，放入冰箱冷藏约1个小时即可。

麻辣猪耳丝

材料

Ⓐ

猪耳	1副
蒜苗	1根

Ⓑ

八角	2粒
花椒	1小匙
葱	1根
姜	10克

调料

辣油汁	2大匙
水	1500毫升
盐	1大匙

做法

1. 材料B与水、盐混合煮沸，放入洗净的猪耳，以小火煮约15分钟，取出冲冷开水（材料外）至凉。
2. 将煮过的猪耳斜切薄片，再切细丝；蒜苗洗净切细丝，备用。
3. 将猪耳丝及蒜苗丝放入碗中，加入辣油汁拌匀即可。

辣油汁

材料： 盐15克、鸡精5克、辣椒粉50克、花椒粉5克、油120毫升

做法： 1.将辣椒粉与盐、鸡精拌匀。

2.油烧热至约150℃后冲入上述材料中，并迅速搅拌均匀。

3.再加入花椒粉拌匀即可。

香油小黄瓜

材料

小黄瓜2根、红辣椒1个、蒜2瓣

调料

盐1/2小匙、细砂糖1/2匙、白醋1小匙、香油1.5大匙

做法

1. 小黄瓜洗净去头尾；红辣椒洗净切圈；蒜洗净切碎，备用。
2. 小黄瓜以刀身拍打至稍裂，切长条备用。
3. 取深碗放入小黄瓜，抓盐（材料外）后，放入红辣椒圈、蒜碎。
4. 倒入所有调料拌匀，放置30分钟至入味即可。

切好的小黄瓜抓盐，稍微静置等涩水释出后，用凉开水冲洗，再加入其他拌料，吃起来才更甜脆。

凉拌寒天条

材料

寒天条8克、小黄瓜60克、大头菜60克、红辣椒丝10克

调料

柠檬（榨汁）1/2个、蒜（切末）2瓣、姜（切末）10克、盐1/3小匙、冰糖1/4小匙、香油1/2小匙

做法

1. 寒天条切段，泡入温水中20～30分钟；小黄瓜、大头菜洗净切丝，用少许盐（材料外）抓软，备用。
2. 将所有调料混合均匀，备用。
3. 将寒天条段、小黄瓜丝、大头菜丝、红辣椒丝和酱汁混匀即可食用。放入冰箱冷藏，风味更佳。

凉拌土豆丝

材料

土豆1个（约150克）、胡萝卜30克

调料

陈醋1大匙、辣油1大匙、细砂糖1小匙、盐1/6小匙

做法

1. 将土豆与胡萝卜去皮洗净切丝，汆烫约30秒后，捞起冲凉备用。
2. 将土豆丝、胡萝卜丝与所有调料拌匀即可（盛盘后可加入少许香菜装饰）。

芝麻牛蒡丝

材料

牛蒡1条、白芝麻1大匙

调料

盐少许、淡色酱油1大匙、白醋1/2大匙、陈醋1小匙、细砂糖1小匙、香油1大匙

做法

1. 取一干锅，放入白芝麻以小火炒香，备用。
2. 牛蒡洗净、去皮后切丝，泡水备用（水中可加入几滴白醋，以防牛蒡丝变色）。
3. 将牛蒡丝放入滚水中，汆烫熟后捞出放入冰开水（材料外）中，泡凉备用。
4. 沥干牛蒡丝，加入所有调料搅拌均匀，最后撒上白芝麻即可。

凉拌莲藕

材料

莲藕200克、黄甜椒40克、红甜椒40克、姜末10克、红辣椒末5克、香菜末5克

调料

盐1/4小匙、细砂糖1小匙、白醋1小匙、香油少许

做法

1. 莲藕洗净切片，放入稀释的醋水（材料外）中浸泡备用。
2. 红甜椒、黄甜椒洗净，去籽切片备用。
3. 取锅煮水至滚，依序放入莲藕、红甜椒、黄甜椒，快速汆烫后捞出，放入冰水中浸泡后沥干。
4. 将所有调料及材料拌匀即可。

凉拌大头菜

材料

大头菜1棵、蒜末10克、红辣椒末10克、香菜适量

调料

A 盐1/2小匙、细砂糖 1小匙、白醋 1小匙、酱油1大匙、辣椒酱1小匙

B 香油1小匙

做法

1. 大头菜洗净去皮切薄片，加入少许盐（材料外）略拌均匀，待软后搓揉一下，以冷开水冲洗沥干。
2. 取一容器，放入大头菜片，加入调料A、蒜末、红辣椒末拌匀，腌渍约20分钟。
3. 再加入香菜及香油拌匀即可。

糖醋萝卜丝

材料

白萝卜300克、红甜椒末1/2小匙

调料

白醋3大匙、细砂糖3大匙、盐1小匙

做法

1. 白萝卜洗净去皮后切丝，加入盐拌匀，腌渍约10分钟，挤干水分备用。
2. 将白萝卜丝加入红甜椒末及其余调料拌匀，腌渍约20分钟至入味，盛盘后以香菜（材料外）装饰即可。

美味关键

生白萝卜用盐腌渍出水，把水分挤掉，可去除生味和辣味，口感也会好很多。

腐乳腌黄瓜

材料

小黄瓜3根、粉皮条1张、红辣椒（切片）1/2个、蒜（切片）2瓣、白芝麻少许

调料

辣豆腐乳2块、酱油1小匙、香油2大匙、水3大匙、白胡椒粉1小匙

腌料

盐1大匙

做法

1. 小黄瓜洗净，切菱形片状，取容器将小黄瓜片放入，加入盐抓一下，静置约20分钟后沥干水分，再用清水洗净并沥干水分备用。粉皮条切条状。
2. 取容器，将辣豆腐乳和其余的调料完全混合拌匀。
3. 然后加入小黄瓜片和其余的材料拌匀，腌渍约1个小时即可。

醋拌珊瑚草

材料

珊瑚草200克、小黄瓜2根、蒜3瓣、红辣椒1个

调料

陈醋1大匙、香油1大匙、酱油膏1大匙、鸡精1小匙、冷开水适量、细砂糖1小匙

做法

1. 将珊瑚草洗净、泡入冷开水中去除咸味，换水待珊瑚草胀大，沥干水分备用。
2. 将小黄瓜、蒜、红辣椒皆洗净切成小片状备用。
3. 把所有调料放入容器中拌匀成酱汁备用。
4. 将珊瑚草、小黄瓜、蒜、红辣椒及酱汁拌匀即可。

和风山药泥

材料

山药150克、葱花5克、柴鱼片4克

调料

日式酱油1小匙、柠檬汁1/4小匙、细砂糖1/2小匙

做法

1. 山药洗净去皮后用研磨钵磨成泥后装碗。
2. 将所有调料调匀，淋至山药泥上，撒上柴鱼片及葱花即可。

用手工研磨的方式磨山药泥，口感会比食物调理机制作的更好吃。

虾卵沙拉蛋

材料

鸡蛋3个、腌渍虾卵1大匙

调料

美乃滋1大匙、盐2大匙、冷水800毫升

做法

1. 鸡蛋放入锅中加入约800毫升的冷水（冷水需淹过鸡蛋约2厘米），再加入2大匙盐，开中火将冷水加热至滚沸后，转小火煮10分钟，捞出鸡蛋冲冷水至鸡蛋冷却，备用。
2. 剥除鸡蛋壳，将每个鸡蛋对半切开，取出蛋黄用汤匙压碎，将蛋黄碎、腌渍虾卵以及美乃滋拌匀即为蛋黄酱，回填入切对半的蛋清中即可。

香菜酸辣皮蛋

材料

皮蛋2个、香菜末5克、蒜末10克、熟花生碎10克

调料

辣油1大匙、白醋1大匙、酱油2小匙、细砂糖1大匙

做法

1. 皮蛋去壳后切小瓣盛盘备用。
2. 蒜末和所有调料拌匀后淋在皮蛋上，再撒上香菜末及熟花生碎即可。

美味关键

凉拌用的皮蛋一定要是生皮蛋，皮蛋中心为半固体且带有黏性，拌起酱料才好吃。用刀切蛋黄部分会沾黏，要切得漂亮可用干净的缝纫用的细线来切。

香辣皮蛋

材料

皮蛋2个、香菜20克、红辣椒 1/2个、蒜2瓣

调料

酱油膏1大匙、香油1小匙

做法

1. 皮蛋去壳切丁；香菜摘除叶片洗净，梗切小段；红辣椒、蒜洗净切末，备用。
2. 将香菜梗段、红辣椒末、蒜末加入所有调料混合均匀成淋酱。
3. 将皮蛋丁盛盘，淋上淋酱即可。

凉粉皮蛋

材料

皮蛋1个、凉粉块1块、葱花10克、香菜叶少许

调料

蒜泥10克、酱油膏2大匙、凉开水1大匙、细砂糖1小匙、香油1大匙

做法

1. 皮蛋去壳后切对半备用。
2. 凉粉块切半盛盘，放上切对半的皮蛋。
3. 将所有调料拌匀后淋到凉粉皮蛋上，再撒上葱花，放上香菜叶即可。

美味关键

凉粉外表光滑，不易沾附液体酱汁，所以用酱油膏来代替酱油最合适不过。

尖椒皮蛋

材料

皮蛋 2个、尖椒1个、红甜椒少许

调料

酱油膏1大匙、细砂糖1/4小匙、香油1/4小匙

做法

1. 皮蛋放入滚水中，略煮约5分钟后捞出冲冷水至凉，再剥去外壳、切六等份，备用。
2. 尖椒洗净去籽、切片状；红甜椒洗净切末，备用。
3. 锅烧热放少量油（材料外），放入尖椒片及红甜椒末，以小火煸炒约30秒后盛出，备用。
4. 取一碗，放入皮蛋块及炒好的尖椒片及红甜椒片，再加入所有调料拌匀即可。

皮蛋拌白菜梗

材料

皮蛋2个、大白菜1/4棵、香菜2根、鸡胸肉1片、红辣椒1个、蒜2瓣

调料

香油1小匙、白醋1大匙、盐少许、白胡椒粉少许、辣油1小匙

做法

1. 大白菜切粗梗，用1大匙盐（材料外）稍微抓出水后洗净，沥干水分，备用。
2. 鸡胸肉洗净，放入沸水中汆熟，再撕成丝，备用。
3. 皮蛋去壳，切小丁；红辣椒洗净切丝；蒜、香菜洗净切碎，备用。
4. 取一容器，加入以上所有材料和调料，搅拌均匀即可。

咸蛋拌韭菜花

材料

咸蛋1个、韭菜花50克、胡萝卜20克、洋葱1/3个

调料

酱油膏1大匙、味醂1大匙、柴鱼片1大匙、七味粉1小匙

做法

1. 咸蛋剥壳，压碎备用。
2. 韭菜花洗净切段；胡萝卜洗净切丝；洋葱洗净切丝，一起放入滚水中略汆烫后，捞起泡入冰水中备用。
3. 将所有蔬菜料的水分沥干，排入盘中，拌入咸蛋碎。
4. 然后将酱油膏和味醂拌匀后淋入，再撒上七味粉和柴鱼片即可。

葱油豆腐

材料

板豆腐300克、葱丝20克、姜丝15克、红辣椒丝5克

调料

蚝油1大匙、酱油1大匙、细砂糖1/2小匙、冷开水1大匙

做法

1. 板豆腐切粗条备用。
2. 煮一锅滚水，水中加少许盐（材料外），将板豆腐条放入锅中汆烫30秒钟后，取出盛盘。
3. 将所有调料拌匀成酱汁，淋至豆腐上，再放上葱丝、姜丝和红辣椒丝。
4. 锅烧热，倒入约2大匙香油（材料外），烧热至约160℃，直接淋至豆腐上即可。

皮蛋豆腐

材料

嫩豆腐1盒、皮蛋1个、葱1根、柴鱼片适量

调料

酱油膏2大匙、蚝油1/2大匙、细砂糖1/2小匙、香油少许、冷开水1大匙

做法

1. 将所有调料搅拌均匀成酱汁备用。
2. 葱洗净切末；皮蛋放入沸水中烫熟，待凉后剥壳、剖半，备用。
3. 嫩豆腐放置冰箱冰凉后，取出置于盘中，再放上皮蛋，淋上酱料，最后撒上葱末及柴鱼片即可。

美味关键　酱油膏和蚝油都属于比较黏稠的酱汁，加点水调稀，吃起来更清爽，也可以降低咸度。

香椿豆腐

材料

豆腐2块

调料

Ⓐ 香椿50克、盐1/2小匙、橄榄油1大匙

Ⓑ 素蚝油1小匙、细砂糖1/2小匙

做法

1. 将调料A的香椿洗净沥干，切碎后加盐腌渍约10分钟，再加入橄榄油拌匀，成为香椿酱备用。
2. 将豆腐放入滚水中汆烫约1分钟，捞出待凉，盛盘后放入冰箱冷藏约30分钟备用。
3. 将香椿酱加入调料B调匀，淋至豆腐上，盛盘后以菜叶（材料外）装饰即可。

清香豆腐

材料

厚片北豆腐1块、榨菜1克、姜末1/2小匙、罗勒30克、红辣椒末少许

调料

A 酱油膏1大匙、凉开水1大匙、细砂糖1/2小匙

B 香油1大匙

做法

1. 厚片北豆腐擦干水分切成圆柱状，置于盘中；罗勒洗净汆烫后切末；调料A拌匀成酱料备用。
2. 将榨菜切末，与红辣椒末、姜末、罗勒末撒在北豆腐上，并淋上调好的酱料。
3. 食用前，淋上香油即可。

皮蛋辣椒豆腐

材料

皮蛋1个、嫩豆腐1盒、剥皮辣椒3个、香菜2根

调料

酱油膏1小匙、细砂糖1小匙、香油1小匙

做法

1. 皮蛋去壳，切碎；嫩豆腐去水，切碎状；剥皮辣椒和香菜切碎，备用。
2. 取一容器，将以上所有材料依序加入，最后加入所有调料搅拌均匀即可。

美味关键

如果不怕辣，也可以加入少许剥皮辣椒腌汁，风味更浓郁。

腐皮拌白菜

材料

Ⓐ 腐皮2片、白菜1/2棵（约250克）

Ⓑ 芹菜（切段）2根、胡萝卜（切丝）10克、香菜（切碎）2根、蒜（切碎）2瓣

调料

香油1大匙、辣油1小匙、盐少许、白胡椒粉少许

做法

1. 腐皮放入滚水中快速汆烫过水，再捞起沥干切成条状，备用。
2. 白菜洗净切丝，用少许盐（材料外）抓匀至出水，再将白菜丝泡水至无咸味、滤除水分，备用。
3. 将腐皮、白菜丝与所有材料B一起混合拌匀，再加入所有调料一起搅拌均匀即可。

凉拌干丝

材料

豆干丝200克、芹菜70克、胡萝卜40克、黑木耳25克、红辣椒丝10克、蒜末10克

调料

盐1/4小匙、鸡精1/4小匙、细砂糖1/2小匙、白醋1小匙、香油1大匙

做法

1. 将豆干丝放入沸水中汆烫一下，捞出待凉备用。
2. 芹菜洗净切段；胡萝卜洗净去皮切丝；黑木耳洗净切丝皆放入沸水中汆烫，再捞出泡冰水备用。
3. 取一大碗，放入所有材料及调料，拌均匀即可。

辣拌干丝

材料
豆干丝300克、胡萝卜丝 50克、芹菜 50克

调料
辣油汁2大匙（做法见本书89页）

做法
1. 豆干丝洗净切略短；芹菜去叶片洗净切段，备用。
2. 将豆干丝、芹菜段和胡萝卜丝一起放入沸水中汆烫约5秒，取出冲冷开水至凉备用。
3. 将豆干丝、胡萝卜丝及芹菜加入2大匙辣油汁拌匀即可。

美味关键
豆干丝虽然是熟食，但带有些许碱味，汆烫后可将碱味去除。

凉拌烤麸

材料
干烤麸50克、姜20克、竹笋1只、八角2粒

调料
香油1大匙、细砂糖1小匙、酱油1小匙、酱油膏1大匙、水适量

做法
1. 将烤麸洗净、泡冷水；竹笋去除外壳洗净，切成滚刀块状；姜切片备用。
2. 取炒锅，加入所有调料及所有材料，以中火煮至烤麸软化并入味，取出放凉，盛盘后以豆苗（材料外）装饰即可。

蒜泥鱼片

材料

草鱼肉200克、蛋清1大匙

调料

Ⓐ淀粉1小匙、米酒1小匙

Ⓑ蒜泥酱适量

做法

① 草鱼肉洗净切厚片，加调料A和蛋清抓匀备用。

② 煮沸水，放入草鱼片汆烫约1分钟至熟，捞出摆盘备用。

③ 将蒜泥酱淋至盘中即可。

蒜泥酱

材料： 蒜泥20克、葱花20克、红辣椒末10克、酱油膏2大匙、凉开水1小匙、细砂糖1/2小匙、香油1大匙

做法： 蒜泥、葱花和红辣椒末放入容器中，再加入其余材料拌匀即可。

塔塔酱鲑鱼

材料

鲑鱼200克、芹菜5克

调料

塔塔酱100克

做法

① 鲑鱼洗净切片；芹菜洗净、切碎，备用。

② 将鲑鱼片放入沸水中烫熟后取出，排入盘中，放入塔塔酱与芹菜碎即可。

塔塔酱

材料： 水煮蛋1个、洋葱20克、酸黄瓜20克、美乃滋80克、味醂10毫升

做法： 1.水煮蛋去壳切碎；洋葱、酸黄瓜切碎。

2.将以上所有材料放入碗中加入味醂、美乃滋搅拌均匀即可。

西红柿鱼片

材料
鲷鱼片1片、西红柿1个

调料
茄汁酱适量

做法
1. 将鲷鱼片切成块状，再放入滚水中汆烫过水备用。
2. 将西红柿洗净切小块状。
3. 最后将鲷鱼片、西红柿块混匀，再淋入茄汁酱拌匀即可。

茄汁酱

材料： 罗勒丝2根、香菜碎2根、红辣椒丝1/3个、盐少许、黑胡椒粉少许、细砂糖少许、番茄酱3大匙

做法： 将所有材料混合均匀即可。

洋葱拌鲔鱼

材料
鲔鱼罐头（小）1罐、洋葱1个（140克）

调料
盐1/2小匙、柠檬汁1小匙、黑胡椒粉少许

做法
1. 将洋葱洗净、切丝，放入冰水中抓捏后沥干水分，备用。
2. 将鲔鱼、洋葱丝和所有的调料拌匀，即可食用。

美味关键

生洋葱切丝后再用冰水洗过，可去除辣味，保留甜度且口感更清脆。

五味鲜虾

材料

鲜虾 12尾
小黄瓜 50克
菠萝片 60克

调料

五味酱 4大匙

做法

1. 鲜虾去肠泥；小黄瓜洗净后与菠萝片切丁，备用。
2. 煮一锅水至沸腾，将鲜虾下锅煮约2分钟至熟，取出冲水至凉，剥去虾头及虾壳备用。
3. 将汆烫过的鲜虾、小黄瓜丁及菠萝丁加入五味酱拌匀即可。

五味酱

材料： 葱花15克、姜末5克、蒜泥10克、陈醋15克、细砂糖35克、香油20毫升、酱油膏40克、辣椒酱30克、番茄酱50克

做法： 所有材料拌匀至细砂糖溶化即可。

醉虾

材料

草虾13尾、姜片5克、葱段1根、甘草2片、参须2根、红枣5颗、枸杞子1大匙

调料

绍兴酒100毫升、水300毫升、细砂糖1大匙

做法

1. 草虾洗净沥干，修剪尖头和长须后，用牙签挑去肠泥，再放入滚水中快速汆烫备用。
2. 取容器，加入所有调料和姜片、葱段、甘草、参须、红枣、枸杞子混合拌匀成酱汁。
3. 将草虾放入装有酱汁的容器中，浸泡3个小时以上即可。

美味关键

虾须和头尖的部分一定要用剪刀剪掉，食用时才好入口，品相也比较好看。

虾仁沙拉

材料

什锦水果罐头250克、虾仁200克、芹菜1根

调料

美乃滋2大匙、盐少许、黑胡椒粉少许、柠檬汁1小匙

做法

1. 将虾仁划开背部、去肠泥洗净，放入沸水中汆烫过水；什锦水果罐头打开并滤干水分、倒出果肉；芹菜洗净切碎备用。
2. 取一容器加入所有调料，搅拌均匀成酱料，备用。
3. 将果肉、虾仁铺入盘中，再淋上酱料，撒上芹菜碎即可。

酸辣芒果虾

材料

小黄瓜40克、红甜椒40克、芒果80克、虾仁10尾

调料

辣椒粉1/6小匙、柠檬汁1小匙、盐1/6小匙、细砂糖1小匙

做法

1. 小黄瓜、红甜椒洗净，芒果去皮，均切丁。
2. 虾仁烫熟后放凉备用。
3. 将以上所有材料放入碗中，加入所有调料拌匀即可。

香葱鲜虾

材料

草虾15尾、姜片5克、红辣椒丝适量、葱段10克

调料

米酒100毫升、盐少许、白胡椒粉少许

做法

1. 将草虾洗净挑除沙筋，再放入滚水中汆烫捞起备用。
2. 所有调料和姜片、红辣椒丝、葱段混合拌匀，加入草虾，再泡约20分钟即可食用。

芥末山药虾仁

材料

山药150克、虾仁150克、西红柿 50克、玉米笋50克、韭菜花末10克

调料

黄芥末2大匙、蜂蜜1大匙、美乃滋3大匙、苹果醋1大匙、细砂糖1小匙、盐1/3小匙

做法

1. 将虾仁和玉米笋分别放入沸水中烫熟，放凉备用。
2. 将汆烫过的玉米笋与山药、西红柿均切成粗粒状。
3. 将所有调料放入容器中，搅拌均匀成酱汁备用。
4. 将虾仁、玉米笋、山药、西红柿块放入盘中，撒上韭菜花末，再淋入酱汁即可。

柚香拌墨鱼

材料

墨鱼1尾、洋葱1/2个、红辣椒1个、柳橙1个、香菜1根

调料

柚子酱1大匙、橄榄油1大匙、温开水1大匙、盐少许、黑胡椒粉粒少许

做法

1. 将墨鱼去除墨囊，内面切花刀再切片，放入沸水中汆烫后，泡冷水冰镇，再捞起备用。
2. 将洋葱与红辣椒洗净切丝；柳橙取果肉；香菜洗净切碎备用。
3. 将所有调料放入容器中，搅拌均匀成酱汁备用。
4. 最后将墨鱼、洋葱丝、红辣椒丝、柳橙果肉加入盛有酱汁的容器中，拌匀后撒上香菜碎即可。

橘汁拌蟹丝

材料

蟹肉棒60克、金针菇50克、胡萝卜25克、香菜10克

调料

橘汁辣拌酱2大匙

做法

1. 胡萝卜洗净去皮切丝，与洗净的金针菇一起放入沸水中汆烫约半分钟，取出用凉开水冲凉后，沥干备用。
2. 蟹肉棒剥丝，与香菜及胡萝卜、金针菇加入橘汁辣拌酱一起拌匀即可。

橘汁辣拌酱

材料： 甜辣酱50克、客家橘酱100克、细砂糖10克、香油40毫升、姜末15克

做法： 将所有材料混合拌匀至细砂糖溶化即可。

鲍鱼苹果沙拉

材料

味附鲍鱼（已调好味）1个、苹果1个、生菜丝适量

调料

美乃滋3大匙

做法

1. 将苹果洗净削皮，并均匀切成小块；鲍鱼洗净切小块，备用。
2. 将苹果块、鲍鱼块放入大碗中，挤入美乃滋搅拌均匀，撒上生菜丝即可。

辣豆瓣鱼皮丝

材料

鱼皮250克、洋葱1个、香菜3根、葱1根、红辣椒1个

调料

香油1大匙、辣油1大匙、辣豆瓣酱1小匙、细砂糖1小匙、白胡椒粉少许

做法

1. 将鱼皮放入滚水中汆烫，捞起后泡水冷却，沥干备用。
2. 将洋葱、红辣椒及葱洗净切丝，香菜洗净切碎备用。
3. 取一容器加入所有调料，再加入鱼皮、洋葱丝、葱丝、红辣椒丝及香菜碎，略为拌匀即可。

美味关键

鱼皮有腥味，汆烫去腥的步骤不能少，食用时搭配辛香料也是必要，调味时通常也会加重辣味。

呛辣蛤蜊

材料

蛤蜊20个、芹菜丁30克、蒜（切碎）1瓣、香菜（切碎）10克、红辣椒（切碎）10克、柠檬汁20毫升、橄榄油20毫升

调料

鱼露50毫升、细砂糖15克、辣椒酱20克、盐适量

做法

1. 蛤蜊洗净，放入冷水中约半天至吐沙完毕备用。
2. 将蛤蜊放入滚水中汆烫至口略开即捞起备用。
3. 将所有调料与红辣椒碎、蒜碎、香菜碎、芹菜丁、柠檬汁及橄榄油一起拌匀成淋酱。
4. 先将蛤蜊摆盘，再淋上酱汁拌匀即可。

蒜辣黄瓜螺肉

材料

罐头螺肉1罐（约350克）、蟹腿肉10克、红甜椒（切片）1/4个、黄甜椒（切片）1/4个、小黄瓜（切丁）2根、香菜（切碎）2根

调料

盐少许、白胡椒粉少许、香油1小匙

做法

1. 蟹腿肉洗净，放入滚水中快速过水汆烫，备用。
2. 红甜椒片、黄甜椒片洗净放入滚水中汆烫，备用。
3. 罐头螺肉滤汁，加入蟹腿肉、甜椒与小黄瓜丁、香菜碎，再加入所有调料一起搅拌均匀即可。

醋味拌墨鱼

材料

墨鱼1尾、芹菜2根、姜7克、葱2根

调料

糯米醋3大匙、细砂糖1小匙、盐少许、黑胡椒粉少许

做法

1. 首先将墨鱼洗净，切成小圈状，再放入滚水中汆烫捞起备用。
2. 将芹菜与葱洗净切段，姜洗净切丝，都放入滚水中汆烫过水备用。
3. 最后将以上所有材料搅拌均匀，再淋入拌匀的所有调料即可。

姜醋拌鱼皮

材料

虱目鱼皮	200克
小黄瓜	2根
红辣椒	30克
姜末	30克
蒜末	10克

调料

酱油膏	5大匙
开水	2大匙
细砂糖	1/2大匙
白醋	2大匙
米酒	1/2大匙
香油	少许

做法

1. 煮一锅水至滚，将虱目鱼皮放入滚水中汆烫约5分钟后捞起，泡入冷开水中备用。
2. 小黄瓜洗净，切成长条状；红辣椒洗净切片；所有调料与姜末、蒜末拌匀，备用。
3. 将小黄瓜、红辣椒片和所有调料混合拌匀，再加入虱目鱼皮拌匀即可。

PART 3

分分钟学会 快速上桌面饭粥

懒得做一桌菜，就拿冰箱里的剩菜、剩饭来好好运用一下吧！打开冰箱找出几样好切、好洗的食材，像鸡蛋、培根、火腿、胡萝卜、虾仁等，都很适合用来制作炒饭、菜饭，或煮粥，简简单单，就能变出一餐美味来！

金黄蛋炒饭

材料

米饭220克、葱花 30克、蛋黄3个

调料

盐1/4小匙、白胡椒粉1/6小匙

做法

1. 蛋黄打散备用。
2. 热锅，倒入约2大匙油（材料外），转中火放入米饭，将饭翻炒至饭粒完全散开。
3. 再加入葱花及所有调料，持续以中火翻炒至饭粒松香，最后将蛋黄淋至饭上并迅速拌炒至均匀、色泽金黄即可。

美味关键

使用隔餐冰过的剩饭来制作炒饭，最容易炒出粒粒分明、不粘黏的完美炒饭。

夏威夷炒饭

材料

米饭220克、火腿60克、菠萝80克、青甜椒50克、红甜椒1个、葱花20克、鸡蛋1个

调料

盐1/2小匙、粗黑胡椒粉1/4小匙

做法

1. 鸡蛋打散；菠萝、青甜椒及红甜椒洗净切丁；火腿切小片，备用。
2. 热锅，倒入约2大匙油（材料外），放入蛋液快速搅散至蛋略凝固。
3. 转中火，放入米饭、火腿片、菠萝丁、青甜椒丁、红甜椒丁、葱花，将饭翻炒至饭粒完全散开。
4. 再加入盐及粗黑胡椒粉，持续以中火翻炒至饭粒松香均匀即可。

菜脯肉末蛋炒饭

材料

米饭	220克
猪绞肉	60克
蒜末	10克
葱花	20克
碎萝卜干	60克
鸡蛋	1个

调料

盐	1/4小匙
白胡椒粉	1/6小匙

做法

1. 鸡蛋打散；碎萝卜干略洗过后挤干水分。
2. 热锅，倒入1大匙油（材料外），以小火爆香蒜末后，放入猪绞肉炒至肉色变白松散，再加入碎萝卜干炒至干香取出备用。
3. 锅洗净后热锅，倒入约2大匙油（材料外），放入蛋液快速搅散至蛋略凝固。
4. 转中火，放入米饭、绞肉萝卜干及葱花，将饭翻炒至饭粒完全散开。
5. 再加入盐、白胡椒粉，持续以中火翻炒至饭粒松香均匀即可。

西红柿肉丝炒饭

材料

米饭220克、猪肉丝50克、葱花20克、熟青豆仁30克、西红柿60克、鸡蛋1个

调料

番茄酱2大匙、白胡椒粉1/6小匙

做法

1. 西红柿洗净切丁；鸡蛋打散备用。
2. 热锅，倒入1大匙油（材料外），放入猪肉丝炒至熟后取出备用。
3. 锅中倒入约2大匙油（材料外），放入蛋液快速搅散至略凝固，再加入西红柿丁炒香。
4. 转中火，加入米饭、猪肉丝、熟青豆仁及葱花，将饭翻炒至饭粒完全散开。
5. 最后加入番茄酱、白胡椒粉，持续以中火翻炒至饭粒松香均匀即可。

甜椒牛肉炒饭

材料

米饭220克、牛肉丝100克、葱花20克、青甜椒60克、胡萝卜30克、鸡蛋1个

调料

沙茶酱1大匙、辣酱油1大匙、盐1/8小匙

做法

1. 青甜椒及胡萝卜洗净切丝；鸡蛋打散备用。
2. 热锅，倒入1大匙油（材料外），放入牛肉丝炒至表面变白后取出备用。
3. 锅洗净后热锅，倒入约2大匙油（材料外），放入蛋液快速搅散至蛋略凝固，再加入胡萝卜丝及沙茶酱炒香。
4. 转中火，继续加入米饭、炒过的牛肉丝、青甜椒丝及葱花，将饭翻炒至饭粒完全散开。
5. 最后加入辣酱油及盐，持续以中火翻炒至饭粒松香均匀即可。

韩式泡菜炒饭

材料

米饭220克、牛肉100克、葱花20克、韩式泡菜160克、鸡蛋 1个

调料

酱油1大匙、白胡椒粉1/6小匙

做法

1. 牛肉洗净切小片；泡菜切碎；鸡蛋打散备用。
2. 热锅，倒入1大匙油（材料外），放入牛肉片炒至表面变白、松散后取出备用。
3. 锅中倒入约2大匙油（材料外），放入蛋液快速搅散至蛋略凝固。
4. 转中火，加入米饭、炒过的牛肉片、泡菜、鸡蛋及葱花，将饭翻炒至饭粒完全散开。
5. 再加入酱油、白胡椒粉，持续以中火翻炒至饭粒松香均匀即可。

鲑鱼炒饭

材料

米饭220克、熟青豆仁40克、鲑鱼肉50克、葱花20克、鸡蛋 1个

调料

盐 1/2小匙、白胡椒粉1/6小匙

做法

1. 鸡蛋打散；鲑鱼肉先煎香后剥碎备用。
2. 热锅，倒入约2大匙油（材料外），放入蛋液快速搅散至蛋略凝固。
3. 转中火，放入米饭、熟青豆仁、鲑鱼肉及葱花，将饭翻炒至饭粒完全散开。
4. 再加入盐、白胡椒粉，持续以中火翻炒至饭粒松香均匀即可。

泰式菠萝炒饭

材料

米饭	220克
虾仁	40克
鸡肉丝	40克
菠萝丁	80克
葱花	20克
红辣椒片	5克
蒜末	3克
香菜末	3克
罗勒	适量
油炸花生	30克
蛋黄液	1个

调料

鱼露	2大匙
咖喱粉	1/2小匙

做法

1. 热油锅，放入鸡肉丝及虾仁炒至熟后取出备用。
2. 另热油锅，放入蛋液快速搅散至蛋略凝固，再加入红辣椒片及蒜末炒香。
3. 转中火，放入米饭、炒过的鸡肉丝和虾仁、菠萝丁、葱花及咖喱粉，将饭翻炒至饭粒完全散开且均匀上色。
4. 再加入鱼露、罗勒及香菜末，持续以中火翻炒至饭粒松香均匀后，撒上油炸花生略拌炒即可。

XO酱虾仁炒饭

材料

米饭220克、葱花20克、虾仁100克、生菜50克、鸡蛋1个

调料

XO酱2大匙、酱油1大匙

做法

1. 生菜洗净切碎；鸡蛋打散；虾仁汆烫熟后沥干备用。
2. 热锅，倒入约2大匙油（材料外），放入蛋液快速搅散至蛋略凝固。
3. 转中火，放入米饭及葱花，将饭翻炒至饭粒完全散开。
4. 再加入XO酱、虾仁、酱油炒至均匀，最后加入生菜，持续以中火翻炒至饭粒松香均匀即可。

香椿口蘑炒饭

材料

米饭220克、姜末10克、口蘑30克、胡萝卜40克、圆白菜80克

调料

香椿酱1大匙、酱油2大匙、白胡椒粉1/4小匙

做法

1. 口蘑及圆白菜洗净切小片；胡萝卜洗净切小丁备用。
2. 热锅，倒入约2大匙油（材料外），放入姜末、口蘑及胡萝卜丁以小火炒香。
3. 转中火，放入米饭、圆白菜及香椿酱，将饭翻炒至饭粒完全散开且均匀上色。
4. 最后加入酱油及白胡椒粉，持续以中火翻炒至饭粒松香均匀即可。

香菇卤肉饭

材料

五花肉600克（绞碎）、香菇10朵、紫洋葱末30克、高汤700毫升

调料

酱油100毫升、冰糖1大匙、米酒2大匙、胡椒粉1/2小匙

做法

1. 香菇泡软洗净切丝。热锅，加入3大匙油（材料外），爆香紫洋葱末至金黄色，取出备用。
2. 重新热锅，放入香菇丝炒香，再放入绞碎的五花肉炒至肉色变白，继续加入所有调料炒香后熄火。
3. 取一砂锅，倒入做法2的材料，再加入高汤煮滚，煮滚后转小火并盖上锅盖，再煮约1个小时后加入紫洋葱酥，再煮约10分钟即可（食用时取适量淋于米饭上即可）。

脆瓜肉臊饭

材料

素绞肉200克、脆瓜200克、姜末10克

调料

酱油100毫升、胡椒粉少许、香菇粉少许、香油1小匙、水1200毫升

做法

1. 素绞肉加热水泡软，捞起沥干备用。
2. 脆瓜洗净切碎，备用。
3. 热锅，加入70毫升的油（材料外），爆香姜末，再放入素绞肉炒香，继续加入脆瓜碎与所有调料炒匀，接着加入水煮滚，然后转小火，再煮约30分钟至入味即可（食用时取适量淋于米饭上即可）。

南瓜火腿饭

材料

大米2杯、南瓜240克、火腿100克、蒜酥20克、葱花适量、油1大匙

调料

盐1/2小匙、水2杯

做法

1. 南瓜洗净去皮去籽切小丁；火腿切小片，备用。
2. 大米洗净沥干水分，放入电饭锅中加入油和所有调料，铺上南瓜丁、火腿片以及蒜酥，按下煮饭键煮至熟。
3. 待米饭煮熟后打开锅盖，撒上葱花拌匀即可。

叉烧芹菜饭

材料

大米2杯、叉烧肉240克、芹菜60克

调料

盐1/2小匙、白胡椒粉1/2小匙、水2杯

做法

1. 叉烧肉切丁；芹菜洗净去叶、切末，备用。
2. 大米洗净沥干水分，放入电饭锅中加入水和盐，铺上叉烧肉丁，按下煮饭键煮至熟。
3. 待米饭煮熟后打开电饭锅，撒上白胡椒粉和芹菜末拌匀即可。

香蒜银鱼饭

材料

大米2杯、银鱼120克、葱花适量、油1大匙

调料

盐1/2小匙、蒜酥4大匙、水2杯

做法

1. 大米洗净沥干水分，放入电饭锅中加入油和所有调料，再铺上银鱼，按下煮饭键煮至熟。
2. 待米饭煮熟后打开电饭锅，撒上葱花拌匀即可。

美味关键

也可先将银鱼和调料一起炒香，再放入电饭锅中，蒸出来的饭会更香。

香菇螺肉饭

材料

大米2杯、鲜香菇100克、罐装螺肉1罐、葱花适量

调料

白胡椒粉1/2小匙、紫洋葱油2大匙

做法

1. 螺肉切丁（汤汁保留）；鲜香菇洗净切丝，备用。
2. 大米洗净沥干水分，放入电饭锅中加入2杯螺肉汤汁（不够则以水取代）和紫洋葱油，铺上螺肉丁和鲜香菇丝，按下煮饭键煮至熟。
3. 待熟后打开电饭锅，撒上白胡椒粉和葱花拌匀即可。

牛蒡香菇饭

材料

牛蒡40克、干香菇40克、糙米180克

调料

水230毫升、酱油 20毫升

做法

1. 牛蒡去皮切薄片；干香菇泡发洗净切丝备用。
2. 糙米洗净沥干，放入电饭锅中，再加入牛蒡片、香菇丝，一起拌匀后加入水、鲣鱼酱油，浸泡约30分钟后，按下煮饭键煮至熟即可。

芋头油葱饭

材料

长糯米2杯、芋头200克、猪绞肉150克、葱花40克

调料

紫洋葱油3大匙、盐1小匙、白胡椒粉1/2小匙、水1.5杯

做法

1. 芋头去皮洗净，切丁；猪绞肉放入滚沸的水中汆烫一下，捞出沥干水分，备用。
2. 长糯米洗净沥干，放入电饭锅中加入水、紫洋葱油以及盐，铺上芋头丁和猪绞肉，按下煮饭键煮至熟。
3. 待米饭煮熟后打开电饭锅，撒上白胡椒粉和葱花拌匀即可。

港式腊味饭

材料

大米2杯、腊肠200克、青豆仁50克

调料

盐1小匙、水2杯

做法

1. 将大米洗净，泡水10～15分钟，再沥干，备用。
2. 腊肠切小丁块；青豆仁洗净，备用。
3. 将大米、腊肠、青豆仁以及盐和水放入电饭锅中，按下煮饭键。
4. 煮至按键跳起后，再将饭充分翻松，继续闷10～15分钟即可。

腊肠咸度高，盐分会释放至米饭中，所以少放一点盐。

猪肝粥

材料

米饭150克、猪肝片120克、冬菜3克、芹菜末20克、上海青100克、高汤700毫升

调料

盐1/4小匙、白胡椒粉1/10小匙、香油1/2小匙

做法

1. 将米饭放入大碗中，加入约50毫升高汤，用大匙将米饭压散备用；上海青洗净切碎，备用。
2. 其余高汤倒入小汤锅中煮开，将压散的米饭倒入高汤中，煮开后关小火，续煮约5分钟至米粒略糊，加入猪肝，并用大匙搅拌开。
3. 再煮约1分钟后加入盐、白胡椒粉、香油拌匀，起锅前加入冬菜、芹菜末及上海青碎，略拌开后装碗即可。

银鱼粥

材料

米饭150克、银鱼50克、海带芽3克、芹菜末5克、葱丝5克、碎油条3克、高汤700毫升

调料

盐1/4小匙、白胡椒粉1/10小匙、香油1/2小匙

做法

1. 将米饭放入大碗中，加入约50毫升高汤，用大匙将米饭压散；海带芽泡发后沥干，备用。
2. 其余高汤倒入小汤锅中煮开，将压散的饭倒入汤中，煮开后关小火。
3. 小火煮约5分钟至米粒略糊，加入银鱼及海带芽，并用大匙搅拌开。
4. 再煮约1分钟后加入盐、白胡椒粉、香油拌匀，起锅前加入芹菜末、葱丝和碎油条即可。

百合鱼片粥

材料

米饭150克、鲷鱼肉片150克、百合50克、姜丝5克、芹菜末5克、冬菜3克、高汤700毫升

调料

盐1/4小匙、白胡椒粉1/10小匙、香油1/2小匙

做法

1. 将米饭放入大碗中，加入约50毫升高汤，用大匙将米饭压散；百合剥片洗净沥干，备用。
2. 其余高汤倒入小汤锅中煮开，将压散的米饭倒入高汤中，煮开后关小火。
3. 小火煮约5分钟至米粒略糊，加入鲷鱼肉片及百合、姜丝，并用大匙搅拌开。
4. 再煮约1分钟后加入盐、白胡椒粉、香油拌匀，起锅前加入冬菜及芹菜末拌匀即可。

麻酱面

材料

阳春面120克、小白菜30克、葱花少许

调料

芝麻酱1大匙、凉开水2大匙、酱油膏1.5大匙、紫洋葱油1大匙

做法

1. 烧一锅水，水滚后放入阳春面拌开，小火煮约1分钟，将面捞起沥干水分，放入碗中。
2. 小白菜洗净，切段，汆烫熟后放至煮好的阳春面上。
3. 将所有调料拌匀成酱汁，淋至面上，再撒上葱花，食用时拌匀即可。

沙茶拌面

材料

蒜末12克、阳春面90克、葱花6克

调料

沙茶酱1大匙、猪油1大匙、盐1/8小匙

做法

1. 将蒜末、沙茶酱、猪油及盐加入碗中一起拌匀成酱汁。
2. 取锅加水烧滚后，放入阳春面用小火煮1～2分钟，期间用筷子将面条搅开，煮好将面捞起，沥干水分备用。
3. 将煮好的阳春面放入装有酱汁的碗中拌匀，再撒上葱花即可，亦可依个人喜好加入陈醋、辣油或辣椒酱拌食。

叉烧捞面

材料

鸡蛋面120克、叉烧肉100克、绿豆芽50克、葱花少许

调料

蚝油1大匙、紫洋葱油1大匙、凉开水1大匙

做法

1. 烧一锅水，水滚后放入鸡蛋面拌开，小火煮约1分钟，捞起沥干水分，放入大碗中。
2. 绿豆芽汆烫熟后放至鸡蛋面上，再铺上切好的叉烧肉薄片。
3. 将所有调料拌匀成酱汁，淋至鸡蛋面上，最后撒上葱花，食用时拌匀即可。

韩式泡菜凉面

材料

全麦面条100克、韩式泡菜150克、小黄瓜丝30克、水煮蛋1/2个、熟肉片40克、熟白芝麻1小匙、葱花10克、蒜泥10克

调料

韩式辣椒酱1大匙、细砂糖2小匙、凉开水2大匙、香油2小匙

做法

1. 将所有调料和蒜泥拌匀，加入葱花及熟白芝麻即为酱汁；韩式泡菜洗净切小片，备用。
2. 烧一锅滚水，放入全麦面条煮熟后，摊开放凉后盛盘，铺上小黄瓜丝、韩式泡菜片、熟肉片及水煮蛋。
3. 将调好的酱汁淋至面上，食用时拌匀即可。

酸辣拌面

材料

拉面100克、猪绞肉60克、葱花5克、花生碎10克、香菜少许

调料

Ⓐ 酱油1大匙、花椒粉1/8小匙

Ⓑ 蚝油1大匙、香醋1大匙、细砂糖1/4小匙、辣油2大匙

做法

1. 热锅加入少许油（材料外），放入猪绞肉以小火炒至松散，加入酱油炒至汤汁收干，取出备用。
2. 将调料B放入碗中拌匀成酱汁。
3. 烧一锅水，水滚后放入拉面拌开，小火煮约1.5分钟，捞起稍沥干水分，倒入大碗中。
4. 然后在碗里放上炒过的肉末、葱花、花生碎及花椒粉，淋上酱汁拌匀，撒上香菜装饰即可食用。

福州傻瓜面

材料

阳春面2捆、葱花1大匙

调料

陈醋2大匙、酱油2大匙、细砂糖1小匙、香油1小匙

做法

1. 将所有调料放入碗中，混合拌匀。
2. 将阳春面放入滚水中搅散，煮约3分钟，期间以筷子略搅动数下，捞出沥干水分。
3. 将调味汁淋至煮好的阳春面上拌匀，撒上葱花即可。

美味关键

这款面好吃的秘诀就在于酱料的配方，香气的关键是陈醋，酸度低且香气足，若是换成白醋就不对味。

香油面线

材料

手工白面线300克、老姜片50克、油葱酥适量

调料

香油50毫升、米酒50毫升、水300毫升、鸡精1小匙、细砂糖1/2小匙

做法

1. 将手工白面线放入滚水中，汆烫约2分钟至熟，盛入碗中备用。
2. 起一炒锅，倒入香油与老姜片，以小火慢慢爆香至老姜片卷曲，再加入米酒、水，以大火煮至沸腾后，加入鸡精、细砂糖调味。
3. 最后将酱汁与油葱酥淋在煮好的面线上拌匀即可。

沙茶羊肉炒面

材料

鸡蛋面170克、羊肉片150克、空心菜100克、蒜末5克、姜末5克、红辣椒丝5克

调料

沙茶酱2大匙、酱油膏1/2大匙、蚝油1/2大匙、盐少许、细砂糖少许、鸡精1/4小匙、米酒1大匙

做法

1. 将鸡蛋面放入滚水中煮约1分钟后捞起，冲冷水至凉后捞起、沥干备用。
2. 热油锅，放入姜末、蒜末和红辣椒丝爆香后，加入羊肉片炒至变色，再加入沙茶酱炒匀后盛盘。
3. 重热做法2的油锅，放入空心菜大火炒微软后加入鸡蛋面、羊肉片和其余调料一起拌炒至入味即可。

木耳炒面

材料

宽面条	200克
猪肉丝	100克
胡萝卜丝	15克
黑木耳丝	40克
姜丝	5克
葱末	10克
高汤	60毫升
油	2大匙

调料

Ⓐ

酱油	1大匙
细砂糖	1/4小匙
盐	少许
陈醋	1/2大匙
米酒	1小匙

Ⓑ

香油	少许

做法

1. 将一锅水煮沸后，把宽面条放入滚水中煮约4分钟后捞起，冲冷水至凉后捞起、沥干备用。
2. 热锅，倒入油烧热，放入葱末、姜丝爆香，再加入猪肉丝炒至变色。
3. 于锅内继续加入黑木耳丝和胡萝卜丝炒匀，再加入所有调料A、高汤和煮好的宽面条一起快炒至入味，起锅前再滴入香油拌匀即可。

三鲜炒面

材料

油面250克、鱼肉50克、墨鱼1尾、洋葱1/4个、青菜30克、虾仁60克、油2大匙

调料

盐1/2小匙、蚝油1大匙、米酒1大匙、水300毫升

做法

1. 鱼肉洗净切片；墨鱼清理后洗净切花刀；洋葱洗净切丝；青菜洗净切段，备用。
2. 取锅烧热后加油，放入洋葱丝略炒，加水与所有调料，待滚后放入油面，盖上锅盖以中火焖煮3分钟。
3. 于锅中继续加入鱼肉、墨鱼与虾仁，掀盖煮2分钟，最后放入青菜段翻炒即可。

阳春面

材料

阳春面150克、小白菜35克、葱花适量、油葱酥适量、高汤350毫升

调料

盐1/4小匙、鸡精少许

做法

1. 小白菜洗净、切段，备用。
2. 阳春面放入滚水中搅散后等水滚再煮约1分钟，放入小白菜段汆烫一下马上捞出、沥干水分放入碗中。
3. 把高汤煮滚，加入所有调料拌匀，然后把高汤倒入面碗中，放入葱花、油葱酥即可。

切仔面

材料

油面200克、韭菜20克、绿豆芽20克、熟猪瘦肉150克、高汤300毫升、油葱酥少许

调料

盐1/4小匙、鸡精少许、胡椒粉少许

做法

1. 韭菜洗净、切段；绿豆芽去根部洗净，把韭菜段、绿豆芽放入滚水中氽烫至熟捞出；熟猪瘦肉切片，备用。
2. 把油面放入滚水中氽烫一下，沥干水分后放入碗中，加入韭菜段、绿豆芽与猪瘦肉片。
3. 把高汤煮滚后，加入所有调料拌匀，倒入面碗中，再加入油葱酥即可。

牡蛎面

材料

油面200克、牡蛎100克、韭菜段30克、油葱酥适量、高汤350毫升、地瓜粉适量

调料

盐1/4小匙、鸡精少许、米酒少许、白胡椒粉少许

做法

1. 牡蛎洗净、沥干水分，放入地瓜粉中拌匀（让牡蛎表面均匀裹上地瓜粉即可），再入滚水氽烫至熟，捞出备用。
2. 把油面与韭菜段放入滚水中氽烫一下，捞出放入碗中，再放入牡蛎。
3. 把高汤煮滚后加入所有调料拌匀，接着倒入面碗中，最后放入油葱酥即可。

打卤面

材料

面条	100克
大白菜	100克
竹笋	40克
猪肉丝	50克
胡萝卜	30克
黑木耳	15克
鸡蛋	1个
葱花	30克
大骨汤	500毫升

调料

盐	1/2小匙
白胡椒粉	1/4小匙
水淀粉	2大匙
香油	1小匙

做法

1. 将大白菜、竹笋、胡萝卜及黑木耳洗净切成细丝。
2. 热锅加入少许油（材料外），小火爆香葱花后，放入猪肉丝炒散。
3. 然后放入做法1的材料及大骨汤煮开，加入面条、盐和白胡椒粉，转小火煮约2分钟至面条熟。
4. 然后用水淀粉勾芡，关火后将鸡蛋打散淋入，加入香油拌匀即可。

什锦海鲜汤面

材料

Ⓐ 虾仁50克、鱿鱼肉50克、蛤蜊6个
Ⓑ 油面150克、大白菜60克、胡萝卜丝15克、葱段30克

调料

水250毫升、盐1/2小匙、白胡椒粉1/6小匙、香油1/2小匙

做法

1. 将材料A洗净；大白菜洗净切小块备用。
2. 热锅加入少许油（材料外），小火爆香葱段后加入材料A炒匀。
3. 然后加入水、大白菜块及胡萝卜丝煮开。
4. 继续加入油面、盐、白胡椒粉煮约2分钟，洒上香油即可起锅。

咸米苔目

材料

Ⓐ 米苔目200克、韭菜40克、芹菜10克、香菜5克
Ⓑ 猪肉丝30克、胡萝卜丝5克、香菇丝3朵、紫洋葱酥10克

调料

盐1大匙、酱油1小匙、白胡椒粉1小匙、水1200毫升

做法

1. 韭菜洗净切段，芹菜洗净切末。
2. 锅烧热，加入少许油（材料外），加材料B炒香。
3. 再加入所有调料煮开后，放入米苔目略煮。
4. 起锅前再加入韭菜段、芹菜末和香菜即可。

PART 4

分分钟学会 家常食材做汤品

用汤锅煮汤，大火煮滚后转中小火，让食材的精华慢慢释放到汤汁中，煮出来的汤最香浓。不需要长时间炖煮的蔬菜汤、肉片汤、蛋花汤、豆腐汤等，用汤锅煮最方便。若是要慢慢炖煮才好喝的排骨汤、鸡汤、牛肉汤等，就需要小心控制火候和时间了。

金针排骨汤

材料

排骨块600克、干金针40克、姜片20克、芹菜末适量

调料

Ⓐ 盐1小匙、鸡精1/2小匙、冰糖1小匙、米酒1大匙

Ⓑ 水2000毫升、胡椒粉少许、香油少许

做法

1. 干金针泡水洗净，沥干水分；排骨块洗净，放入滚水中略氽烫，捞出略冲水洗净，沥干备用。
2. 取锅，将排骨块和姜片放入，加水以大火煮至滚沸后，改转小火再煮40分钟。
3. 接着放入金针和调料A煮至入味，食用前再加入芹菜末、胡椒粉和香油即可。

苦瓜排骨汤

材料

排骨块600克、苦瓜600克、小鱼干适量、豆豉适量、姜片15克

调料

盐1小匙、冰糖1小匙、米酒1大匙、水2500毫升

做法

1. 排骨块洗净，放入滚水中略氽烫，捞出略冲水洗净，沥干备用。
2. 苦瓜洗净，去籽后切块状备用。
3. 取锅，将排骨块、苦瓜和姜片放入，加水以大火煮至滚沸后，转小火，再放入小鱼干和豆豉煮约50分钟后，加入其余调料煮至入味即可。

海带排骨汤

材料

排骨600克、海带30克、姜片20克

调料

米酒50毫升、盐1/2小匙、水800毫升

做法

1. 排骨洗净剁块后放入滚水中汆烫，捞出洗净沥干；海带略冲净，剪短泡入水中约20分钟至涨发。
2. 将800毫升水加入汤锅，煮开后放入排骨、海带、姜片及米酒。
3. 加盖煮开后，关小火炖煮约40分钟，加入盐调味即可。

美味关键

排骨汆烫后再冲洗掉浮沫和血水，可去除肉腥味，煮出来的汤汁也更清澈无杂质。

黄瓜肉片汤

材料

黄瓜1条、猪肉片100克、姜片40克

调料

盐1大匙、水1200毫升

做法

1. 黄瓜去皮，切成块状。
2. 取一汤锅，放入1200毫升水、黄瓜块、姜片和盐，煮至瓜肉熟软，起锅前加入猪肉片煮熟即可。

美味关键

猪肉片应等黄瓜煮软后再放入，煮熟即熄火，这样肉质才不会干涩。

丝瓜鲜菇瘦肉汤

材料
丝瓜160克、鲜香菇2朵、猪瘦肉100克、姜10克、油少许

调料
盐1/2小匙、水500毫升

做法
1. 先将丝瓜去皮切成片；鲜香菇洗净，切成片；猪瘦肉洗净切成厚片；姜洗净去皮切片，备用。
2. 取一锅，锅内加入少许油，放入姜片用小火慢慢呛香，再倒入水以中火煮开。
3. 然后加入鲜香菇片、猪瘦肉片，煮至八分熟，再加入丝瓜片和盐，继续煮约5分钟即可。

木耳肉丝汤

材料
猪肉丝60克、黑木耳丝50克、胡萝卜丝10克、姜丝10克、葱花少许

调料
A 盐少许、细砂糖少许、胡椒粉少许
B 香油少许
C 水500毫升

腌料
淀粉少许、米酒少许

做法
1. 将猪肉丝加入腌料腌5分钟。
2. 取锅加水烧热，水滚后加入腌好的猪肉丝、黑木耳丝、胡萝卜丝与姜丝，煮至肉色变白，放入调料A，最后撒入葱花、淋上香油即可。

香油腰花汤

材料

猪腰2个（约350克）、姜丝适量、高汤700毫升、枸杞子适量

调料

米酒50毫升、盐1/4小匙、鸡精少许、香油1大匙

做法

1. 猪腰洗净，切花刀后，分切成小片状，放入滚水中汆烫后，捞出冲水沥干备用。
2. 取锅，加入香油，放入姜丝和腰花略拌炒后，加入米酒拌炒一下。
3. 接着倒入高汤、枸杞子煮至滚沸，再加入其余的调料煮匀即可。

猪肝汤

材料

猪肝300克、姜丝适量、葱花适量

调料

盐1/2小匙、鸡精1/4小匙、米酒1大匙、香油少许、水800毫升

做法

1. 猪肝洗净，切片备用。
2. 取锅加入水煮至滚沸，放入猪肝煮至外观变色，加入其余所有调料煮匀，盛入碗中再放上姜丝和葱花即可。

香菇鸡汤

材料

土鸡1/2只、干香菇4朵

调料

盐1小匙、米酒少许、水1500毫升

做法

1. 干香菇洗净，放入清水中，加入少许米酒泡至涨发。
2. 鸡肉洗净剁成大块，放入滚水中汆烫，捞起洗净浮沫。
3. 取汤锅放入汆烫好的鸡肉块，加入1500毫升水和香菇煮至滚沸，转小火焖煮40分钟，加入盐调味即可。

美味关键

用米酒泡发香菇，提香效果更佳，米酒还有去除鸡肉腥味的效果。

香油鸡汤

材料

土鸡肉块900克、姜片50克

调料

米酒300毫升、盐1/2小匙、冰糖1/2小匙、水900毫升、香油3大匙

做法

1. 将土鸡肉块洗净，汆烫备用。
2. 热锅后加入香油，放入姜片炒至微焦，再放入土鸡肉块，炒至变色后先加入米酒炒香，再加入水煮滚，转小火煮30分钟。
3. 最后加入其余所有调料煮匀即可。

萝卜牛肉汤

材料

牛腱1个（约600克）、白萝卜300克、胡萝卜100克、姜片 5片

调料

盐 1/2小匙、水2000毫升

做法

1. 将牛腱洗净切块，放入滚水中汆烫，洗净备用。
2. 萝卜均去皮洗净，切成长方小块，放入滚水中汆烫备用。
3. 将以上所有材料放入汤锅中，加入水和姜片，以小火煮3个小时，最后再加盐调味即可。

养生蔬菜汤

材料

干香菇3朵、白萝卜250克、胡萝卜200克、牛蒡200克、白萝卜叶50克

调料

水1800毫升

做法

1. 干香菇洗净沥干水分；白萝卜洗净沥干水分，不去皮直接切块状；胡萝卜洗净沥干水分，不去皮直接切块状；牛蒡去皮洗净沥干水分，横切短圆柱状；白萝卜叶洗净，沥干水分备用。
2. 取汤锅，放入以上全部食材，再加入水，以大火煮至滚沸后，再转小火煮约1个小时即可。

玉米萝卜汤

材料

玉米300克、白萝卜100克、芹菜末10克

调料

盐1小匙、鸡精1小匙、水700毫升

做法

1. 玉米去须切小段；白萝卜洗净去皮切小块，备用。
2. 取锅，放入玉米段、白萝卜块、水，煮至白萝卜熟软且呈半透明状。
3. 加入芹菜末及所有调料拌匀即可。

美味关键

起锅前才放入芹菜末，辛香气味才不会提早散失。

胡萝卜海带汤

材料

海带结150克、胡萝卜150克、姜片30克

调料

盐1大匙、水700毫升

做法

1. 胡萝卜洗净去皮，切滚刀块；海带结洗净备用。
2. 取汤锅，放入胡萝卜块、海带结、姜片和所有调料，煮约25分钟即可。

美味关键

也可以在汤水中加入少许食用油，让胡萝卜中的营养成分充分释放出来。

芹菜笋片汤

材料

绿竹笋350克、芹菜片60克、胡萝卜片30克、姜片20克

调料

盐1大匙、水800毫升

做法

1. 绿竹笋洗净去皮，切片状。
2. 取一汤锅，放入绿竹笋片、芹菜片、胡萝卜片、姜片和所有调料，煮约25分钟即可。

瓜丁汤

材料

去皮冬瓜120克、猪瘦肉80克、香菇4朵、青豆仁1大匙

调料

盐1/2小匙、水800毫升、淀粉1/2小匙

做法

1. 去皮冬瓜洗净，切成1.5厘米厚的方丁；香菇洗净后泡软切相同大小的丁状备用。
2. 猪瘦肉洗净，沥干水分后切丁，以淀粉抓匀，放入滚水中汆烫备用。
3. 取一汤锅，倒入800毫升水以大火烧开，加入青豆仁、冬瓜丁及香菇丁与猪肉丁，转小火继续煮20分钟后以盐调味即可。

苋菜竹笋汤

材料

苋菜	200克
竹笋丝	适量
猪肉丝	适量
高汤	1500毫升

调料

盐	适量
鸡精	适量
胡椒粉	适量

腌料

米酒	少许
酱油	少许
香油	少许
淀粉	1/2小匙

做法

1. 苋菜洗净切小段；猪肉丝用腌料腌约5分钟备用。
2. 高汤1500毫升煮开，放入苋菜、竹笋丝，煮约10分钟至苋菜软化，再加入猪肉丝。
3. 煮至汤汁再度滚沸，加入所有调料拌匀即可。

萝卜干豆芽汤

材料

菜脯条1条、黄豆芽100克

调料

水600毫升

做法

1. 菜脯条略为冲洗，去咸味和杂质，切小块备用。
2. 黄豆芽洗净，沥干水分备用。
3. 水倒入汤锅中煮至滚沸，加入菜脯块和黄豆芽，以小火煮约8分钟即可。

美味关键　黄豆芽的叶子部分较硬，须要煮久一点才会软，并能消除豆生味。

空心菜丁香汤

材料

空心菜300克、丁香鱼30克、姜丝15克、高汤600毫升

调料

盐少许、香油1/4小匙

做法

1. 空心菜去除尾部部分老梗后，洗净沥干水分并切段状备用。
2. 丁香鱼以清水稍稍冲洗沥干备用。
3. 取汤锅，加入高汤和丁香鱼先以大火煮至滚沸后，放入空心菜段煮约1分钟，再加入姜丝和全部的调料拌匀即可。

圆白菜汤

材料

圆白菜　150克
白萝卜　300克
鲜香菇　2朵
大米　20克

调料

柴鱼素　10克
味醂　10毫升
水　1000毫升

做法

1. 圆白菜剥下叶片洗净，切成丝；香菇洗净切片，备用。
2. 白萝卜洗净，去皮后切成约4厘米长的条；鲜香菇洗净切丝；大米放入纱布袋中绑好口备用。
3. 将水、白萝卜、香菇丝、大米放入汤锅，大火煮开后改中小火煮至白萝卜呈透明状，再加入圆白菜煮约1分钟至熟，以柴鱼素、味醂调整味道后熄火，取出装大米的纱布袋即可。

PART 5

分分钟学会 懒人电饭锅蒸煮菜

对于一些上班族来说，总觉得做菜太麻烦。其实只要利用电饭锅，就可轻松做出美味来。本章为您介绍了24款电饭锅蒸煮菜，不仅可以更好地留住营养，也很美味，且大大缩短了烹饪时间，热爱美食的你还犹豫什么，快来试试吧！

豆豉蒸排骨

材料

排骨	650克
蒜	5瓣
红辣椒	1/2个
葱	1根
豆豉	10 克

腌料

酱油	1大匙
蚝油	1大匙
米酒	1大匙
细砂糖	1小匙
胡椒粉	1/2小匙
香油	1大匙
淀粉	1大匙

做法

1. 豆豉洗净切碎；排骨洗净切块；蒜、红辣椒洗净切末；葱洗净切花。
2. 以上所有材料（除葱花外）和腌料放入大碗中拌匀，腌渍15分钟，放入蒸盘。
3. 电饭锅加适量水煮开，放入蒸架，放入蒸盘蒸35分钟，撒上葱花即可食用。

美味关键

豆豉含盐较高，若是用水浸泡会冲淡酱香味，切碎再料理，吃起来就不会太咸。

1

2

3

蒸黄瓜肉

材料

猪绞肉350克、罐头黄瓜1罐（230克）、蒜末2瓣、鸡蛋液适量

调料

鸡精1小匙、白胡椒粉少许、盐少许、香油1小匙

做法

❶ 黄瓜取出切成碎末状备用。

❷ 取容器，先放入猪绞肉，加入黄瓜碎末、蒜末、鸡蛋液和所有调料混合拌匀。

❸ 将搅拌好的黄瓜肉盛入碗中，盖上保鲜膜放入电饭锅中按下开关，蒸至开关跳起即可。

无论是蒸肉饼或煎肉饼，肉馅一定都要摔打过，这样蒸出来的肉会比较紧实，不会过于松散。

卤肉臊

材料

熟五花肉350克、豆干10片、紫洋葱1个、蒜15瓣

调料

细砂糖1大匙、盐1小匙、米酒2大匙、鸡精1小匙、酱油1大匙、酱油膏3大匙、白胡椒粉1小匙、水2杯

做法

❶ 熟五花肉、豆干切成小丁状；蒜、紫洋葱都洗净切成碎状，备用。

❷ 取锅，加入1小匙油（材料外）烧热，再加入紫洋葱碎爆香，然后加入五花肉丁炒至变白。

❸ 加入蒜碎炒出香气，再加入豆干丁炒匀。

❹ 所有调料一同加入炒匀，再加入水，盖上锅盖再焖煮30分钟即可。

萝卜豆干卤肉

材料

豆干	100克
五花肉块	300克
白萝卜	200克
胡萝卜	100克
水煮蛋	2个

卤汁料

酱油	3大匙
细砂糖	1大匙
葱段	5克
红辣椒片	2克
姜片	2克
市售卤包	1包
水	1000毫升

做法

1. 豆干略冲水洗净沥干；白萝卜和胡萝卜去皮洗净切块备用。
2. 取锅，加入所有的材料和卤汁料，放入电饭锅内，按下电饭锅开关，煮至开关跳起即可。

在家想吃传统味的卤肉，只要将食材清洗、切块处理好，接着全部放入电饭锅中，按下开关。只要等开关跳起，就有热腾腾的卤肉可以配饭吃了。

味噌肉片

材料

梅花肉片300克、姜丝30克、白味噌2大匙、葱段适量

调料

米酒1大匙、细砂糖1/2小匙、淀粉1小匙、水2大匙

做法

1. 将白味噌加水、米酒拌至溶化。
2. 梅花肉片加入味噌米酒液、细砂糖和淀粉拌匀，加入葱段和姜丝，放入盘内铺平。
3. 将盘放入电饭锅中的蒸架上，盖上锅盖按下开关，蒸至开关跳起即可。

美味关键

味噌只有咸味和香味，加上适量细砂糖分增加料理甜度，味道会更丰富。

笋丝焢肉

材料

五花肉片300克、笋丝50克、葱段5克、红辣椒片适量、蒜3瓣

调料

鸡精1/2小匙、冰糖1/2小匙、酱油1大匙

做法

1. 将五花肉片用热水略冲洗，沥干备用。
2. 取盘，放入五花肉片、笋丝、葱段、红辣椒片、蒜和所有调料，放入电饭锅中，按下开关煮至开关跳起即可。

美味关键

利用热水瓶中的热开水冲洗五花肉片，可以轻松去除肉腥味。

油豆腐炖肉

材料

油豆腐150克、五花肉250克、葱段30克、姜片10克、八角4粒、万用卤包（市售）1包、红辣椒1个

调料

酱油7大匙、细砂糖2大匙、水300毫升

做法

1. 五花肉切小块，用开水汆烫过；油豆腐切小块；红辣椒洗净切段，备用。
2. 将以上材料放入电饭锅中，加入万用卤包、葱段、姜片、八角及所有调料。
3. 盖上锅盖后按下电锅开关，待电饭锅跳起后再焖约20分钟后即可。

粉蒸肉

材料

带皮五花肉200克、地瓜100克、蒸肉粉2大匙、姜末1/2小匙、葱花少许

调料

辣豆瓣酱1小匙、酱油1/2小匙、鸡精1/4小匙、细砂糖1/2小匙、绍兴酒1小匙

做法

1. 地瓜去皮洗净切块，放入容器中垫底。
2. 带皮五花肉切成2厘米厚的片，加入所有调料和姜末抓匀，静置30分钟。
3. 将腌好的五花肉加入蒸肉粉拌匀，放入盛有地瓜块的容器中，再放入电饭锅中蒸1.5个小时，蒸好后取出撒上葱花即可。

咸蛋蒸肉饼

材料

咸蛋2个、猪绞肉300克、蒜末10克、姜末5克、葱末10 克、红辣椒末5克

调料

酱油1/2大匙、细砂糖1/4小匙、米酒1大匙、水2大匙

做法

1. 取1个咸蛋黄切片，其余咸蛋切碎，备用。
2. 猪绞肉加入所有调料拌匀，加入咸蛋碎、姜末以及蒜末，搅拌均匀至猪绞肉带黏性，铺入蒸盘中轻轻压平，再摆上咸蛋黄片。
3. 将蒸盘移入电饭锅中，按下开关，蒸至开关跳起后取出撒上葱末和红辣椒末即可。

地瓜蒸绞肉

材料

地瓜150克、猪绞肉250克、蒜15克、葱15克

调料

盐1/4小匙、细砂糖少许、酱油1小匙、米酒1大匙、胡椒粉少许、玉米粉1小匙

做法

1. 地瓜洗净、去皮后切细丁；蒜和葱洗净皆切末，备用。
2. 猪绞肉加入盐拌匀，加入葱末、蒜末和所有的调料拌匀，再放入地瓜丁拌匀。
3. 将猪绞肉放入蒸盘中，再放入电饭锅，盖上锅盖、按下开关，蒸至开关跳起，再焖约5分钟，放上葱丝、红辣椒丝（材料外）装饰即可。

富贵猪蹄

材料

猪蹄1只、水煮蛋6个、葱1根、姜20克

调料

酱油1大匙、细砂糖2大匙、水6杯

做法

1. 猪蹄切块，以热水冲洗净；葱洗净切段；姜洗净切片；水煮蛋剥壳，备用。
2. 取锅，放入少许油（材料外），再加入猪蹄煎到皮略焦黄。
3. 将煎猪蹄、葱段、姜片、酱油、细砂糖、水及水煮蛋一起放入电饭锅中，蒸至开关跳起后开盖，取出装盘即可。

西红柿蒸排骨

材料

小排骨块300克、蒜末20克、西红柿块150克

调料

盐1/4小匙、番茄酱2大匙、细砂糖1大匙、淀粉1大匙、水20毫升、米酒1大匙、香油30毫升

做法

1. 小排骨块冲去血水后沥干，电饭锅中加水煮滚。
2. 将排骨块倒入大容器中，加入所有调料（香油除外）、蒜末、西红柿块，充分搅拌均匀至水分被吸收。
3. 接着加入香油拌匀，放入水已煮滚的电饭锅中，蒸约20分钟即可。

梅菜蒸排骨

材料

小排骨300克、姜末10克、红辣椒2个、梅菜10克、葱花10克

调料

Ⓐ 酱油膏1大匙、细砂糖1小匙、淀粉1大匙、水20毫升、米酒1大匙
Ⓑ 香油30毫升

做法

1. 小排骨洗净剁小块，冲水洗去血水后捞起沥干；红辣椒洗净切末；梅菜泡水1个小时后洗净沥干切末；电饭锅加入2杯水煮滚。
2. 排骨块倒入大盆中，加入调料A、梅菜末、姜末及红辣椒末充分搅拌均匀至水分被排骨吸收。
3. 再加入香油拌匀，放入水已煮滚的电饭锅中，蒸约20分钟，再撒上葱花趁热拌匀即可。

蒜香排骨

材料

排骨200克、蒜酥30克、蒜末10克、葱段适量

调料

酱油膏2大匙、细砂糖1小匙、淀粉1小匙、水2大匙、米酒1大匙、香油1小匙

做法

1. 排骨洗净剁小块，将排骨及蒜酥、蒜末及所有调料一起拌匀后放入盘中。
2. 电饭锅倒入2杯水煮开，放入盘子。
3. 按下开关蒸至开关跳起后，撒上葱段即可。

美味关键

排骨下锅前可先用热水稍微冲洗一下去除腥味。

卤肋排

材料

排骨700克、蒜30克、蒜苗圈适量、八角3粒

调料

酱油70毫升、冰糖1/2大匙、辣豆瓣酱1大匙、盐少许、米酒2大匙、水800毫升

做法

1. 排骨洗净，放入滚水中汆烫捞起，放入冷水中洗净。
2. 排骨放入电饭锅中，加入蒜、八角及所有调料。
3. 按下开关，煮至开关跳起，再焖10分钟。
4. 放入蒜苗圈再焖5分钟即可。

紫苏梅蒸排骨

材料

排骨300克、青木瓜200克、紫苏梅6颗、姜片10克

腌料

紫苏梅汁2大匙、米酒1/2大匙、酱油1小匙、地瓜粉1/2大匙

做法

1. 排骨洗净加入腌料，腌约1个小时备用。
2. 青木瓜洗净去皮、去籽、切块；电饭锅加2.5杯清水。
3. 所有材料放入蒸盘，再放入水已煮滚的电饭锅中，蒸约40分钟即可。

苦瓜蒸肉块

材料

五花肉250克、苦瓜1/3根、梅菜50克

调料

酱油1小匙、细砂糖1小匙、盐少许、白胡椒粉少许、香油1小匙

做法

1. 先将五花肉洗净切成块状，再将五花肉放入滚水中汆烫，去除血水后捞起备用。
2. 苦瓜洗净后去籽切成块状；梅菜泡入水中去除盐味，再切成块状备用。
3. 将五花肉、苦瓜、梅干菜与所有调料一起加入蒸盘，再放入水已煮滚的电饭锅中，蒸20分钟至熟即可。

竹笋蒸肉片

材料

竹笋1根、猪后腿肉300克、蒜3瓣、姜1小段、红甜椒1/4个

调料

淀粉1大匙、香油1小匙、盐少许、白胡椒粉少许、米酒1大匙、酱油1小匙

腌料

淀粉1大匙、香油1小匙、盐少许、白胡椒粉少许、酱油1小匙

做法

1. 将猪后腿肉洗净切成片状，放入腌料中腌渍约10分钟备用。竹笋去壳洗净切片；蒜、红甜椒洗净切片；姜洗净切片备用。
2. 电饭锅加入1杯水煮滚，备用。
3. 取一容器，放入所有材料及调料混合均匀，再放入电饭锅中，蒸约10分钟即可。

红曲萝卜肉

材料

梅花肉200克、胡萝卜100克、白萝卜500克、紫洋葱酥10克、姜10克、蒜20克、万用卤包（市售）1包

调料

红曲酱2大匙、酱油3大匙、鸡精1小匙、细砂糖1大匙、水300毫升

做法

1. 梅花肉洗净切小块，用开水汆烫过；蒜及姜洗净切碎；白萝卜及胡萝卜洗净去皮后切小块，备用。
2. 将以上所有材料和紫洋葱酥放入电饭锅中，加入卤包及所有调料。
3. 盖上锅盖后按下电锅开关，待电饭锅跳起后再焖约20分钟即可。

笋干猪蹄

材料

Ⓐ 猪蹄1个、笋干200克

Ⓑ 姜片50克、葱2根、八角4粒

调料

酱油3大匙、细砂糖2大匙、鸡精1/2小匙、米酒1大匙、水200毫升

做法

1. 猪蹄洗净，放入沸水中汆烫，捞起沥干备用。
2. 笋干泡水并换水3次，再放入沸水中汆烫，去除酸咸味。
3. 电饭锅依序放入所有材料B和所有调料，以及猪蹄和笋干。
4. 盖上锅盖、按下开关，煮至开关跳起后，再焖30分钟即可。

绍兴猪蹄

材料

猪蹄300克、葱段40克、姜片40克

调料

盐1/2小匙、细砂糖1/2小匙、水150毫升、绍兴酒100毫升

做法

1. 将猪蹄剁小块，放入滚水中汆烫约2分钟后，洗净放入电饭锅中备用。
2. 葱段、姜片及所有调料加入电饭锅中，盖上锅盖按下开关。
3. 待电饭锅跳起，焖约20分钟后再加入1杯开水，按下电饭锅开关再蒸一次，跳起后再焖约20分钟即可。

花生卤猪尾

材料

花生100克、猪尾400克、八角2粒

调料

盐1/2小匙、酱油3大匙、细砂糖1小匙、米酒1大匙、水700毫升

做法

1. 将花生泡水6个小时、汆烫；猪尾洗净、汆烫3分钟，捞出备用。
2. 取电饭锅，加入花生及猪尾，再加入八角及调料，煮至开关跳起，再焖10分钟至软烂即可。

酸菜滑猪肝

材料

猪肝100克、酸菜心 60克、红辣椒2个、姜末5克

调料

沙茶酱1大匙、盐1/4小匙、细砂糖1小匙、淀粉1大匙、米酒2大匙、香油1大匙

做法

1. 猪肝洗净切片后泡水5分钟，捞出沥干；酸菜心洗净后切片；红辣椒洗净切片；电饭锅加入4杯水煮滚，备用。
2. 将猪肝片、酸菜片、红辣椒片、姜末及所有调料一起拌匀后，倒入盛装容器中。
3. 将容器放入水已煮滚的电饭锅中，蒸约20分钟即可。

腐乳鸡

材料

鸡胸肉350克、胡萝卜70克、洋葱50克、蒜末30克

调料

红糟豆腐乳50克、细砂糖3大匙、米酒2大匙、香油1大匙

做法

1. 先将鸡胸肉洗净，切成块状；胡萝卜洗净后去皮，切滚刀块；洋葱洗净剥皮后切成片状。
2. 将以上材料和蒜末混合，放入蒸盘中，再淋上混匀的调料。
3. 取一电饭锅，加适量清水，放入蒸架，煮至滚。
4. 将蒸盘放在蒸架上，盖上锅盖、按下开关蒸约10分钟即可。